초등교사를 위한

수학개론

신항균 · 전인호 지음

KM 경문사

머리말

지식정보화 사회인 21세기에서 가장 필요한 능력은 창의적인 문제해결력이라고 할 수 있다. 창의적인 문제해결이야말로 시시각각으로 변화하는 현실의 문제들을 그 상황에 맞게 보다 혁신적으로 새롭게 해결할 수 있는 그야말로 현대를 살아가는 사람들에게 가장 필요한 덕목임은 두말할 나위가 없으며, 문제를 창의적으로 해결하는 능력은 보다 새롭고 남들이 생각하는 바를 뛰어넘는 새로운 해법을 제시할 수 있는 능력이기 때문이다.

이러한 창의적인 문제해결력은 수학을 공부함으로써 길러질 수 있다. 수학은 오랜 역사를 통하여 발전되어 왔는데, 그 발전의 과정이 과학적이고 독창적인 사고를 집약한 것이어서 그것을 다시 음미하며 이해하는 것을 바탕으로 길러진 문제해결력은 새로운 문제를 접할 때, 그것을 남보다 더 훌륭하게 더 새로운 생각으로 풀어낼 수 있는 능력을 가져다준다.

이 책은 장차 초등학교 교사가 될 교육대학생에게 수학의 올바른 의미를 되새겨주고, 앞으로 초등학교에서 수학을 가르칠 때 필요한 기초를 마련해주기 위해 준비한 교재로, 이 책을 공부하는 학생들이 선행지식으로 가져야 할 기초를 고등학교 수학의 최소한으로 정하였으므로 문과를 공부한 학생들도 공부하는 데 별 무리가 없으며, 강의자와 학습 상황에 따라 내용을 선별하여 공부할 수 있도록 내용을 구성하였다.

또한 풍부한 예와 예제 등을 통하여 추상적인 내용을 어려움 없이 이해할 수 있도록 하였고, 수학을 전공하거나 수학을 기초로 한 자연과학을 전공하는 학생들을 대상으로 한 것이 아니므로 지나치게 어려운 증명 등은 과감히 생략하여 쉽게 배울 수 있도록 노력하였다.

모쪼록 이 책으로 공부하는 학생들이 수학에 대한 교양과 초등교사가 갖추어야 할 수학적 배경 지식들을 잘 습득하길 바라며, 이 책이 나오기까지 도움을 주신 관계자 여러분께 진심 어린 감사의 말씀을 드린다.

2015년 3월
저자 일동

차 례

1

수학의 기본개념

논리, 논리적 사고, 올바른 추론의 사용은 수학을 비롯하여 법학, 심리학, 과학, 논리학 등의 많은 분야에서 필연적이다. 컴퓨터과학 분야에서 논리는 알고리즘의 설계와 입증, 회로의 설계(논리회로라 하기도 한다)와 특정한 문제를 푸는 접근법인 논리프로그램에 직접적으로 적용할 수 있다. 어떤 주장이든지 주장하는 사람이 그 주장이 참이라는 근거를 제시하든 제시하지 않든 그 주장이 참일 수 있다. 그렇지만 어떤 주장이 참이라 하더라도 우리는 그 주장을 왜 참인가를 밝히지 않는 한, 그 주장을 참이라고 받아들이지 않을 수도 있다. 수리논리에서는 어떤 주장이 참인지 거짓인지를 수리적·논리적으로 밝히는 데 많은 도움을 줄 것이다. 이 장의 전반부는 논리, 후반부는 집합을 소개한다. 논리와 집합의 연산은 이 책에서 여러 형태로 발견될 것이다.

1.1 명제와 논리

명제와 진리값

참과 거짓으로 가릴 수 있는 문장이나 식을 명제(proposition)라 하고, 한 명제의 참(true)과 거짓(false)을 그 명제의 진리값(value of truth)이라고 한다.

참고 진리값을 갖지 않는 문장은 명제가 될 수 없다. 이러한 문장들을 역설(paradoxes)이라 한다. 왜냐하면 그 문장이 그 반대의 진리값을 갖는다고 결론짓지 않고 그것에 대해서 진리값을 줄 수 없기 때문이다. 예를 들어, "이 문장은 거짓이다."라는 문장을 생각해보라.

예제 1 다음 중 명제를 말하여라.

(1) 5는 소수이다. (2) 5는 작은 수이다.

(3) $\sqrt{3}$을 소수로 표현했을 때 소수점아래 100번째 자리 수는 7이다.

풀이 (1) 5는 소수이므로 참인 명제이다.

(2) 5는 작은 수인지 큰 수인지 가릴 수 없으므로 명제가 아니다.

(3) 정보 부족으로 참과 거짓을 바로 대답할 수는 없어도 명제이다.

이 책을 통해서 명제를 나타낼 때에는 소문자 p, q, r 등으로 나타내고, 명제의 참과 거짓을 기호로 각각 T, F로 나타내기로 하자.

진리표

편리를 위해 작성하는 명제와 그 진리값들을 기록한 표를 진리표라고 한다. 하나의 명제 p에 대해서는 참이거나 거짓인 두 가지 경우를 생각할 수 있고, 두 개의 명제 p, q를 동시에 생각하게 되는 경우는 네 가지가 되므로 다음과 같이 진리표를 작성해볼 수 있다.

[표 1.1]

명제	p
진리값	T
	F

[표 1.2]

명제	p	q
진리값	T	T
	T	F
	F	T
	F	F

진리값의 각 경우들은 편리를 위해 위의 표와 똑같이 고정시켜 사용하는 것으로 한다.

합성명제와 단순명제

평소에 문장과 문장을 연결하여 사용하듯이, 한 명제와 또 다른 명제를 결합하는 것을 생각해볼 수 있다. 이렇게 두 개 이상의 명제들을 결합해서 새롭게 만든 명제를 합성명제(composed proposition)라 한다. 이때 그 결합은 새로운 합성명제가 항상 참이거나 거짓이 되도록 논리적 결합이어야 의미를 가질 것이므로 명제들을 연결하는 연결사(connectives)들은 논리연결사라고 말할 수 있다. 보통 사용하는 논리연결사들로는 and(그리고), or(또는), not(아니다), if- then(만일-이다) 등이 있는데, 각각의 논리적 의미는 합성명제의 각 경우의 진리값을 통하여 규정된다. 합성명제의 진리값은 각 단순명제들의 진리값에 의존하므로 단순명제의 진리값을 알기만하면 명제가 겉으로 아무리 복잡하게 결합되어 보여도 그들로부터 형성된 명제의 진리값을 항상 결정할 수 있다.

이접명제

합성명제 'p 또는 q'를 p와 q의 이접명제(disjunction proposition)라 하고 $p \vee q$로 나타내고 진리표는 다음과 같이 정의된다.

[표 1.3]

p	q	$p \vee q$
T	T	T
T	F	T
F	T	T
F	F	F

합접명제

합성명제 'p이고 q'를 p와 q의 합접명제(conjunction proposition)라 하고 $p \wedge q$로 나타내고 진리표는 다음과 같이 정의된다.

[표 1.4]

p	q	$p \wedge q$
T	T	T
T	F	F
F	T	F
F	F	F

부정명제

합성명제 'p가 아니다'를 p의 부정명제(negative proposition)라 하고 $\sim p$로 나타내고 진리표는 다음과 같이 정의된다.

[표 1.5]

p	$\sim p$
T	F
F	T

예제 2 부정의 부정은 원래의 명제와 같은 진리값을 가짐을 보여라. 즉 not(not p)는 p와 같은 진리값을 가짐을 보여라.

풀이 다음 표를 만든다.

p	$\sim p$	$\sim(\sim p)$
T	F	T
F	T	F

배타적 이접명제

두 명제 p와 q에서 p, q의 어느 한 쪽만이 참일 때만 참으로 하는 합성명제를 p와 q의 배타적 이접명제(exclusive disjunction proposition)라 하고 $p \veebar q$로 나타내고 진리표는 다음과 같이 정의된다.

[표 1.6]

p	q	$p \veebar q$
T	T	F
T	F	T
F	T	T
F	F	F

배타적 이접명제는 주로 생활에서 많이 사용될 수 있다. 예를 들어 "부산에 갈 때 고속버스 또는 기차를 탄다."라고 말할 때, 고속버스와 기차 중에서 하나만 타야 참이지 고속버스와 기차를 동시에 타는 것은 거짓이다.

예제 3 다음 합성명제의 진리표를 만들어라.

(1) $p \vee \sim p$　　(2) $p \vee (q \vee \sim p)$

(3) $p \wedge \sim p$　　(4) $p \wedge [\sim (p \vee q)]$

풀이 (1)

p	$\sim p$	$p\vee\sim p$
T	F	T
F	T	T

(2)

p	q	$\sim p$	$q\vee\sim p$	$p\vee(q\vee\sim p)$
T	T	F	T	T
T	F	T	T	T
F	T	F	T	T
F	F	T	T	T

(3)

p	$\sim p$	$p\wedge\sim p$
T	F	F
F	T	F

(4)

p	q	$p\vee q$	$\sim(p\vee q)$	$p\wedge[\sim(p\vee q)]$
T	T	T	F	F
T	F	T	F	F
F	T	T	F	F
F	F	F	T	F

항진명제와 항위(모순)명제

위의 예제 3의 합성명제 $p\vee\sim p$, $p\vee(q\vee\sim p)$와 같이 p와 q의 참과 거짓에 관계없이 항상 참인 명제를 항진명제(tautology)라 하고 이것을 t로 나타낸다. 또, 합성명제 $p\wedge\sim p$, $p\wedge[\sim(p\vee q)]$와 같이 p와 q의 참과 거짓에 관계없이 항상 거짓인 명제를 항위(모순)명제(contradictory proposition)라 하고 이것을 f로 나타낸다.

동치인 명제

두 합성명제가 가능한 모든 경우에 있어서 항상 진리값이 일치하는 경우에 두 합성명제를 동치인 명제(equivalent proposition) 또는 논리적으로 동치인 명제라고 하고, 기호 $\equiv$를 써서 나타낸다. 동치인 명제는 단순명제의 수사 같을 때에만 생각할 수 있다. 기호 $\equiv$ 대신 $\Leftrightarrow$를 쓰는 경우도 있다.

논리적 동치(logically equivalent)의 정의

임의의 두 명제 p, q가 서로 같은 진리값을 가지면 논리적 동치라 하고, $p\equiv q$라고 표기한다.

예제 4 다음 합성명제의 진리표를 만들고, 두 합성명제는 동치인 명제인지 알아보아라.

(1) $p\wedge(q\vee r)$ (2) $(p\wedge q)\vee(p\wedge r)$

풀이 (1) $p \wedge (q \vee r)$을 A라 하면, (2) $(p \wedge q) \vee (p \wedge r)$을 B라 하면,

p	q	r	$q \vee r$	A
T	T	T	T	T
T	T	F	T	T
T	F	T	T	T
T	F	F	F	F
F	T	T	T	F
F	T	F	T	F
F	F	T	T	F
F	F	F	F	F

p	q	r	$p \wedge q$	$p \wedge r$	B
T	T	T	T	T	T
T	T	F	T	F	T
T	F	T	F	T	T
T	F	F	F	F	F
F	T	T	F	F	F
F	T	F	F	F	F
F	F	T	F	F	F
F	F	F	F	F	F

따라서 두 합성명제는 동치인 명제이다.

예제 5 논리적 동치의 가장 기본적인 예로 드 모르간의 법칙(De Morgan's laws)이 있다. 그중에서 $\sim(p \vee q)$와 $\sim p \wedge \sim q$가 논리적 동치임을 확인하여라.

풀이 $\sim(p \vee q)$와 $\sim p \wedge \sim q$의 진리표

p	q	$p \vee q$	$\sim(p \vee q)$	$\sim p$	$\sim q$	$\sim p \wedge \sim q$
T	T	T	F	F	F	F
T	F	T	F	F	T	F
F	T	T	F	T	F	F
F	F	F	T	T	T	T

정리

논리식에는 다음과 같은 논리법칙이 성립한다.

논리적 동치	논리법칙
$p \wedge t \equiv p$, $p \vee f \equiv p$	항등법칙(identity laws)
$p \vee t \equiv t$, $p \wedge f \equiv f$	지배법칙(domination laws)
$p \vee p \equiv p$, $p \wedge p \equiv p$	멱등법칙(idempotent laws)
$\sim(\sim p) \equiv p$	이중부정법칙(double negation laws)
$p \vee q \equiv q \vee p$, $p \wedge q \equiv q \wedge p$	교환법칙(commutative laws)
$(p \vee q) \vee r \equiv p \vee (q \vee r)$, $(p \wedge q) \wedge r \equiv p \wedge (q \wedge r)$	결합법칙(associative laws)

$p \vee (q \wedge r) \equiv (p \vee q) \wedge (p \vee r)$, $p \wedge (q \vee r) \equiv (p \wedge q) \vee (p \wedge r)$	분배법칙(distributive laws)
$\sim(p \wedge q) \equiv \sim p \vee \sim q$, $\sim(p \vee q) \equiv \sim p \wedge \sim q$	드 모르간의 법칙(De Morgan's laws)

많은 명제들 중에서 조건명제와 결과명제의 참과 거짓에 따라 합성명제의 참과 거짓이 변하는 경우가 있다. 이와 같은 명제는 학문하는 데 가장 많이 활용된다. 여기에서는 이와 같은 조건문을 비롯하여 쌍조건문, 필요충분조건 등에 대하여 정의하고 이들에 대한 예를 제시한다.

조건문

논리어 '이면'으로 합성된 명제 'p이면 q이다'를 조건문(conditional proposition)이라 하고, $p \rightarrow q$로 나타내고 진리표는 다음과 같이 정의된다.

[표 1.7]

p	q	$p \rightarrow q$
T	T	T
T	F	F
F	T	T
F	F	T

첫째 행과 둘째 행은 아마도 여러분이 기대한 값이다. 그러나 셋째 행과 넷째 행은 처음 봤을 때 조금 놀랬을 것이다. p가 거짓인 예를 고려하자. 이것을 종종 무의미한 경우(vacuous case)라 한다. p를 명제 "달은 녹색치즈로 만들었다."라 하자. p는 거짓이다. q를 명제 "베토벤은 프랑스의 왕이었다."라 하자. 진리표에 따르면 $p \rightarrow q$는 참이다. 따라서 다음 명제는 참이다.

"달이 녹색치즈로 만들었다면 베토벤은 프랑스의 왕이었다."

또한 다음 명제도 참이다.

"달이 녹색치즈로 만들었다면 베토벤은 프랑스의 왕이 아니었다."

다시 말해, 달이 녹색치즈로 만들지 않았다는 것을 믿는 순간 더 이상 베토벤이 프랑스의 왕인지 아닌지에 관심이 없다. $p \rightarrow q$가 거짓인 유일한 경우는 p가 참이고 q가 거짓일 때이다.

예제 6 다음 명제를 $p \rightarrow q$로 쓸 때 p, q를 말하여라.

(1) '오늘 날씨가 좋다'면, '우리는 해변에 가겠다'

(2) '오늘은 금요일이다'이면, '$2+3=5$'

(3) '비가 온다'면, '하늘에 구름이 낀다'

풀이 (1) 명제 $p \rightarrow q$

p : 오늘 날씨가 좋다.

q : 우리는 해변에 가겠다.

(2) 명제 $p \rightarrow q$

p : 오늘은 금요일이다.

q : $2+3=5$

(3) 명제 : $p \rightarrow q$

p : 비가 온다.

q : 하늘에 구름이 낀다.

역(converse), 이, 대우(contrapositive)

조건문 $p \rightarrow q$에 대하여 다음 명제들을 정의한다.

역명제 : $q \rightarrow p$

이명제 : $\sim p \rightarrow \sim q$

대우명제 : $\sim q \rightarrow \sim p$

이들의 진리표는 다음과 같이 정의된다.

[그림 1.8]

p	q	$p \to q$	$q \to p$	$\sim p \to \sim q$	$\sim q \to \sim p$
T	T	T	T	T	T
T	F	F	T	T	F
F	T	T	F	F	T
F	F	T	T	T	T

진리표에서 다음 사실들을 알 수 있다.

(1) 조건문 $p \to q$와 그의 대우명제는 가능한 모든 경우에 진리표가 일치하므로 논리적으로 동치이다.

$$p \to q \equiv \sim q \to \sim p$$

(2) 조건문 $p \to q$와 그의 역명제는 가능한 모든 경우에 진리표가 일치하지 않으므로 논리적으로 동치가 아니다.

$$p \to q \not\equiv q \to p$$

(3) 조건문 $p \to q$와 그의 이명제는 가능한 모든 경우에 진리표가 일치하지 않으므로 논리적으로 동치가 아니다.

$$p \to q \not\equiv \sim p \to \sim q$$

$q \to p$: 하늘에 구름이 끼면, 비가 온다.

이 명제는 거짓일 수도 있다. 역이 항상 성립하는 것은 아니다.

$\sim q \to \sim p$: 하늘에 구름이 끼지 않으면, 비가 오지 않는다.

$\therefore$ 참, 대우(contrapositive)는 항상 성립

쌍조건(biconditional proposition)의 정의 : $\leftrightarrow$

쌍조건문 'p이면 q이고 q이면 p이다.'를 $p \leftrightarrow q$로 나타낸다.

다시 말하면, $p \leftrightarrow q \equiv (p \to q) \wedge (q \to p)$이다. 따라서 다음과 같은 진리표를 갖는다.

[표 1.9]

p	q	$p \leftrightarrow q$
T	T	T
T	F	F
F	T	F
F	F	T

예제 7 명제 $p \rightarrow q$와 $\sim p \vee q$는 논리적 동치이다. 이를 확인하여라.

풀이 $\sim p \vee q$와 $p \rightarrow q$에 대한 진리표

p	q	$\sim p$	$\sim p \vee q$	$p \rightarrow q$
T	T	F	T	T
T	F	F	F	F
F	T	T	T	T
F	F	T	T	T

논리대수

논리식을 논리법칙을 사용하여 대수 계산과 같이 계산하는 것을 논리대수라고 한다. 진리표로 $p \rightarrow q \equiv \sim(p \wedge \sim q)$임을 알아보자.

[표 1.10]

p	q	$\sim q$	$p \wedge \sim q$	$\sim(p \wedge \sim q)$	$p \rightarrow q$
T	T	F	F	T	T
T	F	T	T	F	F
F	T	F	F	T	T
F	F	T	F	T	T

앞의 표에서 $p \rightarrow q \equiv \sim(p \wedge \sim q)$이다. 그런데 드 모르간 법칙과 이중부정의 법칙을 쓰면

$$\sim(p \wedge \sim q) \equiv \sim p \vee \sim(\sim q) \equiv \sim p \vee q$$

따라서

$$p \rightarrow q \equiv \sim(p \wedge \sim q)$$

예제 9 다음을 논리대수로 증명하여라.

(1) $p \to q \equiv \sim q \to \sim p$

(2) $\sim(p \to q) \equiv p \wedge \sim q$

풀이 (1) $p \to q \equiv \sim p \vee q \equiv q \vee \sim p \equiv \sim(\sim q) \vee \sim p \equiv \sim q \to \sim p$

(2) $\sim(p \to q) \equiv \sim(\sim p \vee q) \equiv \sim(\sim p) \wedge \sim q \equiv p \wedge \sim q$

1.1 연습문제

1. 다음 명제들의 참, 거짓을 판별하여라.

(1) 서울은 대한민국의 수도이다.

(2) 나고야는 일본의 수도이다.

(3) $1+2=3$

(4) $5+6=10$

2. 다음 문장(sentence)들의 참, 거짓을 판별할 수 있는가?

(1) 지금은 몇 시인가?

(2) 이 책을 꼭 읽어보아라.

3. 다음 문장들이 명제인지 아닌지를 판별하여라.

(1) 정수값 중에서 특정 n에 대하여 $2^n = n^2$이 성립한다.

(2) $x-y=y-x$

(3) 1994년 겨울은 몹시 추웠다.

(4) 모든 A에 대하여, $A^2=0$이면 $A=0$이다.

4. 다음 명제를 합성명제로 표현하고 참, 거짓을 판별하여라.
명제 : 7은 양수이고, -2는 음수이다.

5. 다음 명제 p, q로 이접명제와 합접명제를 표현해 보시오.
명제 p : 오늘은 금요일이다.

명제 q : 오늘은 비가 온다.

6. 다음 명제를 합성명제로 표현하고 참, 거짓을 판별하여라.
명제 : 3은 짝수이거나, 7은 소수가 아니다.

7. p, q와 r은 다음과 같이 정의된 명제이다.

p : 나는 목마르다.

q : 내 잔은 비어 있다.

r : 지금은 세 시다.

이때 다음 각 명제를 p, q와 r을 포함하는 식으로 써라.

a. 나는 목마르고 내 잔은 비어 있지 않다.

b. 지금은 세 시이고 나는 목마르다.

c. 3시이면 목마르다.

d. 목마르면 내 잔은 비어 있다.

e. 내가 목마르지 않으면 내 잔은 비어 있지 않다.

8. $\sim p \vee q$에 대한 진리표를 만들고 $p \rightarrow q$와 비교하여라.

9. 드 모르간 법칙의 다른 반쪽을 증명하여라. 즉, $\sim(p \vee q)$는 $\sim p \wedge \sim q$와 논리적으로 동치임을 보여라.

10. 다음 합성명제의 진리표를 만들어라.

(1) $p \wedge (q \vee r)$　　　　(2) $p \vee (q \wedge r)$

11. $\sim q \rightarrow \sim p$는 $p \rightarrow q$와 논리적으로 동치임을 보여라.

12. p와 q는 둘 다 참인 명제이고 r과 s는 둘 다 거짓인 명제라 가정하자. 다음 명제들이 참인지 거짓인지를 판정하여라.

(1) p and q　　　　(2) $p \rightarrow q$

(3) p or s　　　　(4) $r \rightarrow \sim s$

13. 합성명제 p or $\sim q$에 대한 진리표를 만들어라. p가 참이고 q가 거짓일 때 p or $\sim q$의 진리값을 구하여라.

14. p는 명제 "석양은 빨갛다."이고 q는 명제 "내일은 맑을 것이다."라 하자. 다음 명제들을 문장으로 표현하여라.

(1) p and q (2) p or q

(3) $p \to q$

15. 다음 문장이 논리적으로 동치인지를 판정하여라.

(1) '고양이는 자고 있고 개는 짖고 있다'의 부정.

(2) 고양이는 자지 않거나 개는 짖지 않는다.

16. 다음 문장이 논리적으로 동치인지를 결정하여라.

(1) 토요일이 맑고 숙제를 마치면 자전거를 탈 것이다.

(2) 토요일이 맑으면 숙제를 마치고 숙제를 끝내면 자전거를 탈 것이다.

17. 다음 명제를 논리대수로 간단히 하시오.

$$\{p \to (p \wedge q)\} \vee \sim q$$

1.2 필요충분조건과 추론

두 논리식 A, B에서 조건문 $A \to B$가 항진명제이면 이것을 $A \Rightarrow B$로 나타내고 A는 B를 함의한다(imply)고 말하며, $A \Rightarrow B$인 식을 함의식이라고 한다. 이때 A를 B가 성립하기 위한 충분조건(sufficient condition), B를 A가 성립하기 위한 필요조건(necessary condition)이라고 한다.

또, 두 논리식 A, B에서 쌍조건문 $A \leftrightarrow B$가 항진명제이면 이것을 $A \Leftrightarrow B$로 나타내고 A를 B가 성립하기 위한 또는 B를 A가 성립하기 위한 필요충분조건(necessary and sufficient condition)이라고 한다.

$A \Rightarrow B$는 조건문 $A \to B$가 항진명제라는 것이므로 $A \to B$가 거짓인 경우는 없다. 즉, A가 참이고 B가 거짓인 경우는 없다는 것이다. 따라서 $A \Rightarrow B$는 A가 참이면 반드시 B가 참이라는 것을 뜻한다.

또, $A \Leftrightarrow B$는 쌍조건문 $A \leftrightarrow B$가 항진명제라는 것이므로 $A \leftrightarrow B$가 거짓인 경우는 없다. 즉, A가 참이고 B가 거짓 또는 A가 거짓이고 B가 참인 경우는 없다는 것이다. 따라서 $A \Leftrightarrow B$는 A와 B의 진리값이 일치한다는 것을 의미한다. 따라서 A와 B는 논리적으로 동치이다.

예제 1 $x(x-2) > 0$이 $(x^2-x+a)x(x-2) < 0$이 성립하기 위한 필요조건이 되도록 실수 a의 범위를 정하여라. 단, x는 실수이다.

풀이 $\{(x^2-x+a)x(x-2) < 0 \to x(x-2) > 0\}$은 참이다. 이 명제의 대우명제는

$$\{x(x-2) \le 0 \to (x^2-x+a)x(x-2) \ge 0\}$$

이므로

$$(0 \le x \le 2) \to (x^2-x+a \le 0) \qquad \cdots①$$

$0 \le x \le 2$인 범위에서 $g(x) = x^2 - x + a = \left(x - \frac{1}{2}\right)^2 + a - \frac{1}{4}$의 최대값은 $g(2) = a + 2$이므로 ①이 성립하기 위한 조건은 $a + 2 \le 0$이다. 따라서

$$a \le -2$$

◎

추론

몇 개의 주어진 명제로부터 새로운 명제를 유도하는 것을 추론(inference)이라 하고, 주어진 명제들을 전제(premise)라 하며 그것으로부터 유도된 명제를 결론(conclusion)이라고 한다.

전제가 되는 명제를 나타낸 논리식을 $A_1, A_2, \cdots, A_n$이라 하고, 결론이 되는 명제를 나타내는 논리식을 B라 할 때, 이 추론은 다음과 같은 형식으로 나타내고 이것을 추론식이라고 한다.

$$\frac{A_1,\ A_2,\ \cdots,\ A_n}{\therefore\ B} \qquad \text{혹은} \qquad \begin{array}{r} A_1 \\ A_2 \\ A_3 \\ \vdots \\ \underline{A_n} \\ \therefore\ B \end{array}$$

타당한 추론

추론에 있어서 전제인 모든 명제가 참일 때 결론이 항상 참이면 그 추론은 유효하다(valid)라고 하고, 전제인 모든 명제가 참일 때 결론이 거짓이면 그 추론은 오류(fallacy)라고 한다.

추론 $\dfrac{A_1,\ A_2,\ \cdots,\ A_n}{\therefore\ B}$이 유효한 경우는 다음과 같다.

(1) $A_1, A_2, \cdots, A_n$이 모두 참이면 B는 항상 참이다.

(2) $A_1 \wedge A_2 \wedge \cdots \wedge A_n \rightarrow B$가 항진명제이다.

정리

추론의 규칙

(1) 긍정식(modus ponens)	$\begin{array}{l} p \to q \\ p \\ \hline \therefore\ q \end{array}$
(2) 부정식(modus tollens)	$\begin{array}{l} p \to q \\ \sim q \\ \hline \therefore\ \sim p \end{array}$
(3) 합의 식(addition)	$\begin{array}{l} p \\ \hline \therefore\ p \vee q \end{array}$
(4) 단순식(simplication)	$\begin{array}{l} p \wedge q \\ \hline \therefore\ p \end{array}$
(5) 곱의 식(conjunction)	$\begin{array}{l} p \\ q \\ \hline \therefore\ p \wedge q \end{array}$
(6) 삼단논법(hypothetical syllogism)	$\begin{array}{l} p \to q \\ q \to r \\ \hline \therefore\ p \to r \end{array}$
(7) 선언삼단논법(Disjunctive syllogism)	$\begin{array}{l} p \vee q \\ \sim p \\ \hline \therefore\ q \end{array}$

예제 2 다음 추론의 유효성을 조사해보시오.

(1) 어학을 좋아하는 사람은 수학을 싫어한다.
그는 어학을 좋아한다.
따라서 그는 수학을 싫어한다.

(2) 그가 범인이라면 현장에 있었을 것이다.
그는 현장에 없었다.
따라서 그는 범인이 아니다.

(3) 한국이 민주주의 국가이면 한국 국민은 투표권을 가진다.
한국 국민은 투표권을 가진다.
따라서 한국은 민주주의 국가이다.

(4)
$$\begin{array}{c} (p \to q) \wedge (r \to s) \\ p \vee r \\ \hline \therefore\ q \vee s \end{array}$$

풀이 (1) p : 어학을 좋아한다.

q : 수학을 싫어한다.

라 하고, 주어진 추론을 기호화하고 진리표를 만들어보자.

$$\begin{array}{l} p \to q \\ \underline{\quad p \quad} \\ \therefore\ q \end{array}$$

p	q	$p \to q$	p	q
T	T	T	T	T
T	F	F	T	F
F	T	T	F	T
F	F	T	F	F

진리표에 의하면 전제인 $p \to q$와 p가 모두 참일 때 결론 q도 항상 참이다. 따라서 이 추론은 유효하다.

(2) p : 그는 범인이다.

q : 그는 현장에 있었다.

라 하고, 주어진 추론을 기호화하고 진리표를 만들어보자.

$$\begin{array}{l} p \to q \\ \underline{\ \sim q \quad} \\ \therefore\ \sim p \end{array}$$

p	q	$p \to q$	$\sim q$	$\sim p$
T	T	T	F	F
T	F	F	T	F
F	T	T	F	T
F	F	T	T	T

이 경우 전제가 참일 때 결론도 참이다. 따라서 이 추론은 유효한 추론이다. 이것을 알리바이(alibi)의 원리라고 한다.

(3) p : 한국은 민주주의 국가이다.

q : 한국 국민은 투표권을 가진다.

라 하고, 주어진 추론을 기호화해서 그의 진리표를 만들어보자.

$$\begin{array}{l} p \to q \\ \underline{\quad q \quad} \\ \therefore\ p \end{array}$$

p	q	$p \to q$	q	p
T	T	T	T	T
T	F	F	F	T
F	T	T	T	F
F	F	T	F	F

진리표 3행을 보면 전제는 모두 참인데 결론은 거짓이다. 따라서

추론은 유효하지 않다.

(4) $(p \to q) \wedge (r \to s)$: T, $p \vee r$: T인 경우에 $q \vee s$: T임을 보이면 된다.

$$p \vee r : \text{T이므로, } p : \text{T 또는 } r : \text{T} \qquad \cdots ①$$

$(p \to q) \wedge (r \to s)$: T이므로

$$p \to q : \text{T} \qquad \cdots ②$$

이고

$$r \to s : \text{T} \qquad \cdots ③$$

p : T라 하면 ②에서 q : T, r : T라 하면 ③에서 s : T이다. 따라서

$$q \vee s : \text{T}$$

1.2 연습문제

1. 다음 추론의 유효성을 조사하시오.

(1) 오늘 비가 오면 나는 소풍을 가지 않는다. 그러나 나는 소풍을 갔다. 그러므로 오늘은 비가 오지 않았다.

(2) 그가 범인이라면 현장에 있었을 것이다.
그는 현장에 있었다.
따라서 그는 범인이 아니다.

2. 다음 추론의 유효성을 조사하시오.

$$\begin{array}{c} p \to (q \wedge r) \\ q \to s \\ \sim s \\ \hline \therefore \sim p \end{array}$$

1.3 집합

인간은 물건들을 자신이 정한 어떤 기준에 따라 그룹별로 분류하거나 모으는 것을 좋아한다. 또 인간은 어떤 순서를 정하기도 하고 어떤 규칙을 발견하기도 한다. 수학에서 어떤 아이디어들을 창출할 때, 대상의 범위를 규정하여야 할 때가 있다. 수학에서 인간의 이런 경향들이 집합이라는 아이디어로 창출되었다.

이 절에서는 다양한 집합들을 정의하고 이들에 대한 예를 제시하여 알아보자.

집합의 정의

다른 것과 구별되는 어떤 대상들의 모임을 집합(set)이라 하고, 그 집합을 구성하는 대상 하나 하나를 그 집합의 원소(element)라고 한다. a가 집합 A의 원소일 때 a는 A에 속한다고 말하고

$$a \in A \text{ 또는 } A \ni a$$

로 나타낸다. a가 A의 원소가 아닌 것을

$$a \notin A \text{ 또는 } A \not\ni a$$

로 나타낸다.

집합은 대문자 A, B, C 등으로 나타내고, 원소들은 소문자 a, b, c 등으로 나타낸다.

원소나열법과 조건제시법의 정의

원소 a, b, c, $\cdots$로 구성되어 있는 집합을

$$\{a,\ b,\ c,\ \cdots\}$$

와 같이 원소 하나하나를 나열하는 방법을 원소나열법이라 하고,

$$\{x \mid C(x)\}$$

와 같이 원소 x에 대한 어떤 조건 $C(x)$를 제시하여 나타내는 방법을 조건제시법이라고 한다.

원소나열법은 $\{-3,\ -1,\ 5,\ 15,\ 29,\ \cdots\}$와 같이 직관적으로 이해하기 쉬운 장점이 있으나, 논리적으로 완전한 표현이 되지 못하는 단점이 있다. 조건제시법은 $\{x \mid 2x^2-3\}$과 같이 직관적으로 이해하기 어려운 단점이 있지만, 논리적으로 완전한 표현이 된다는 장점이 있다.

예제 1 다음 집합을 원소나열법은 조건제시법으로, 조건제시법은 원소나열법으로 나타내어라.

(1) $\{1,\ 4,\ 7,\ 10,\ 13,\ 16,\ 19,\ \cdots\}$

(2) $\{(x,\ y) \mid x+y \geq 1\}$

풀이 (1) 자연수 1, 4, 7, 10, 13, 16, 19, ⋯는 1부터 3씩 더한 수들이다. 그러므로

$$\{1,\ 4,\ 7,\ 10,\ 13,\ 16,\ 19,\ \cdots\}=\{x \mid x=3n+1,\ n\text{은 0과 자연수}\}$$

(2) $x+y \geq 1$은 $y \geq -x+1$이므로 순서쌍 $(0,\ 1)$, $(0,\ 2)$, $(0,\ 3)$, $(1,\ 0)$, $(1,\ 2)$, $(1,\ 3)$ 등이 있다. 그러므로

$$\{(x,\ y) \mid x+y \geq 1\}$$
$$=\{(0,\ 1),\ (0,\ 2),\ (0,\ 3),\ (1,\ 0),\ (1,\ 2),\ (1,\ 3),\ \cdots\}$$

부분집합과 집합의 상등의 정의

두 집합 A, B에서

$$x \in A \Rightarrow x \in B$$

가 성립할 때, A는 B의 부분집합(subset)이다, A는 B에 포함된다, B는 A를 품는다고 말하고

$$A \subseteq B \text{ 또는 } B \supseteq A$$

로 나타낸다.

두 집합 A와 B의 원소가 똑같을 때, 즉

$$x \in A \Leftrightarrow x \in B$$

일 때, A와 B는 상등한 집합이라고 하고

$$A = B$$

로 나타낸다.

예제 2 두 집합 $A=\{2, 3, 4\}$, $B=\{1, 2, 3, 4, 5\}$에서 $A \subseteq B$임을 증명하여라.

풀이 $2 \in A \rightarrow 2 \in B$이고 $3 \in A \rightarrow 3 \in B$이며 $4 \in A \rightarrow 4 \in B$이므로 집합 A의 모든 원소 x에 대하여 $x \in A \rightarrow x \in B$이다. 따라서

$$x \in A \Rightarrow x \in B$$

이므로 $A \subseteq B$이다. ◎

진부분집합과 전체집합의 정의

부분집합 $A \subseteq B$에서 $A \neq B$인 경우, 즉 $x \in A \Rightarrow x \in B$가 성립하나 $x \in B \Rightarrow x \in A$가 성립하지 않을 때, A는 B의 진부분집합(proper subset)이라 하고

$$A \subset B \text{ 또는 } B \supset A$$

로 나타낸다.

우리가 생각하는 집합은 어떤 하나의 정해진 집합 U의 부분집합인 경우가 많다. 이 경우 U를 전체집합(universal set)이라고 한다.

부분집합과 진부분집합에 대한 혼란이 일어나지 않는다면 부분집합과 진부분집합을 구분하지 않고 부분집합으로만 사용하는 경우도 있다. 이 책에서는 부분집합과 진부분집합을 구분하지 않고 부분집합으로 나타내기로 한다.

정리 1

임의의 집합 A에 대하여 $\varnothing \subseteq A$이다.

증명 이 정리를 증명하기 위하여 결론인 $\varnothing \subseteq A$임을 밝히면 된다. 즉, 다음 조건문

$$x \in \varnothing \rightarrow x \in A$$

이 항상 참임을 밝히면 된다. 그런데 조건문 $x \in \varnothing \rightarrow x \in A$에서 조건인 $x \in \varnothing$이 거짓이므로 결과 $x \in A$가 참이든 거짓이든 조건문 $x \in \varnothing \rightarrow x \in A$는 항상 참이다. 즉,

$$x \in \varnothing \Rightarrow x \in A$$

이다. 따라서 임의의 집합 A에 대하여 $\varnothing \subseteq A$이다. ■

정리 2

세 집합 A, B, C에서 $A \subseteq B$이고 $B \subseteq C$이면 $A \subseteq C$이다.

증명 이 정리를 증명하기 위하여 결론인 $A \subseteq C$임을 밝히면 된다. 즉, 다음 조건문

$$x \in A \rightarrow x \in C$$

이 항상 참임을 밝히면 된다.

그런데 조건에서 $x \in A \rightarrow x \in B$와 $x \in B \rightarrow x \in C$이 항상 참이므로 삼단논법에 의해 $x \in A \rightarrow x \in C$도 항상 참이다. 즉,

$$x \in A \Rightarrow x \in C$$

이다. 따라서 $A \subseteq C$이다. ■

교집합과 합집합의 정의

두 집합 A, B가 주어졌을 때, A와 B의 양쪽에 동시에 속하는 원소들의 집합을 A와 B의 교집합(intersection subset)이라 하고

$$A \cap B$$

로 나타낸다. 즉,

$$A \cap B = \{x \mid (x \in A) \wedge (x \in B)\}$$

이다.

A와 B 중 적어도 한쪽에 속하는 원소들의 집합을 A와 B의 합집합(union subset)이라 하고

$$A \cup B$$

로 나타낸다. 즉,

$$A \cup B = \{x \mid (x \in A) \vee (x \in B)\}$$

이다.

예제 3 두 집합 $A = \{1, 2, 3\}$, $B = \{2, 3, 4, 5\}$가 주어졌을 때 $A \cap B$와 $A \cup B$를 구하여라.

풀이 두 집합 A와 B의 양쪽에 동시에 속하는 원소는 2, 3이므로 $A \cap B = \{2, 3\}$이고, A와 B 중 적어도 한 쪽에 속하는 원소는 1, 2, 3, 4, 5이므로 $A \cup B = \{x \mid 1, 2, 3, 4, 5\}$이다. ◎

정리 3

세 집합 A, B, C에 대하여 다음 식이 성립한다.

(1) $A \cap U = A$, $A \cup \varnothing = A$, $A \cap \varnothing = \varnothing$, $A \cup U = U$

(2) $A \cap A = A$, $A \cup A = A$

(3) $A \cap B = B \cap A$, $A \cup B = B \cup A$

(4) $A \cap (B \cap C) = (A \cap B) \cap C$, $A \cup (B \cup C) = (A \cup B) \cup C$

(5) $A \cap (B \cup C) = (A \cap B) \cup (A \cap C)$,
$A \cup (B \cap C) = (A \cup B) \cap (A \cup C)$

증명 (5)의 첫 번째만 증명하고 나머지는 독자에게 맡긴다.

이 정리를 증명하기 위하여

$$x \in A \cap (B \cup C) \Leftrightarrow x \in (A \cap B) \cup (A \cap C)$$

임을 밝히면 된다. 그런데

$$
\begin{aligned}
x \in A \cap (B \cup C) &\Leftrightarrow (x \in A) \wedge [x \in (B \cup C)] \\
&\Leftrightarrow (x \in A) \wedge [(x \in B) \vee (x \in C)] \\
&\Leftrightarrow [(x \in A) \wedge (x \in B)] \vee [(x \in A) \wedge (x \in C)] \\
&\Leftrightarrow [(x \in A \cap B)] \vee [x \in (A \cap C)] \\
&\Leftrightarrow x \in (A \cap B) \cup (A \cap C)
\end{aligned}
$$

이므로

$$x \in A \cap (B \cup C) \Leftrightarrow x \in (A \cap B) \cup (A \cap C)$$

이다. 따라서

$$A \cap (B \cup C) = (A \cap B) \cup (A \cap C)$$

이므로 증명이 된다. ■

여집합의 정의

전체집합을 U라고 할 때 U의 원소로서 A에 속하지 않는 원소들의 집합을 A의 여집합(complement set)이라고 하고

$$A^c$$

로 나타낸다.

$$A^c = \{x \mid x \in U \wedge x \notin A\}$$

이다.

예제 4 전체집합이 $U = \{1, 2, 3, 4, 5\}$이고, $A = \{1, 3, 5\}$일 때, A의 여집합 A^c를 구하여라.

풀이 전체집합 U의 원소로서 A에 속하지 않는 원소는 2, 4이므로

$$A^c = \{2, 4\}$$

이다.

정리 4

전체집합을 U라고 할 때, 두 집합 A, B에 대하여 다음 식이 성립한다.

(1) $(A^c)^c = A$

(2) $\varnothing^c = U,\ U^c = \varnothing$

(3) $A \cup A^c = U,\ A \cap A^c = \varnothing$

(4) $A \subset B \Leftrightarrow B^c \subset A^c$

(5) $(A \cap B)^c = A^c \cup B^c,\ (A \cup B)^c = A^c \cap B^c$ (드 모르간 법칙)

증명 (5)의 첫 번째만 증명하고 나머지는 독자에게 맡긴다.

이 정리를 증명하기 위하여

$$x \in (A \cap B)^C \Leftrightarrow x \in A^C \cup B^C$$

임을 밝히면 된다. 그런데

$$\begin{aligned} x \in (A \cap B)^c &\Leftrightarrow \sim [x \in (A \cap B)] \\ &\Leftrightarrow \sim [\,(x \in A) \wedge (x \in B)] \\ &\Leftrightarrow \sim (x \in A) \vee \sim (x \in B) \\ &\Leftrightarrow (x \in A^c) \vee (x \in B^c) \\ &\Leftrightarrow x \in (A^c \cup B^c) \end{aligned}$$

이므로

$$x \in (A \cap B)^c \Leftrightarrow x \in A^c \cup B^c$$

이다. 따라서

$$(A \cap B)^c = A^c \cup B^c$$

이므로 증명이 된다. ■

차집합의 정의

두 집합 A, B가 주어졌을 때, A에 속하고 B에 속하지 않는 원소들의 집합을 A와 B의 차집합(difference set)이라고 하고

$$A - B$$

로 나타낸다. 즉,

$$A-B=\{x \mid (x\in A)\wedge(x\notin B)\}$$

이다.

$\{x \mid (x\in A)\wedge(x\notin B)\}$는 다음과 같이 변형하여 생각할 수 있다.

$$\begin{aligned} A-B &= \{x \mid (x\in A)\wedge(x\notin B)\} \\ &= \{x \mid (x\in A)\wedge(x\in B^c)\} \\ &= \{x \mid x\in A\cap B^c)\} \\ &= A\cap B^c \end{aligned}$$

따라서

$$A-B=A\cap B^c=A-(A\cap B)=(A\cup B)-B$$

이다.

예제 5 두 집합 $A=\{1,\ 2,\ 3\}$, $B=\{2,\ 3,\ 4,\ 5\}$가 주어졌을 때, A와 B의 차집합 $A-B$를 구하여라.

풀이 집합 A에 속하고 B에는 속하지 않는 원소는 1, 3, 5이므로

$$A-B=\{1,\ 3,\ 5\}$$

이다.

집합족과 멱집합의 정의

집합을 원소로 하는 집합을 집합족(family of set)이라 한다. 집합 A가 주어졌을 때 A의 모든 부분집합을 원소로 하는 집합을 집합 A의 멱집합(power set)이라고 하고

$$P^A$$

로 나타낸다. 즉,

$$P^A=\{X \mid X\subseteq A\}$$

이다.

멱집합 $P^A=\{X|X\subseteq A\}$를 조건제시법으로 나타낼 때 원소는 일반적으로 소문자로 나타내기 때문에 x를 사용하는 것이 원칙이다. 그런데 멱집합 $P^A=\{X|X\subseteq A\}$의 경우에는 원소가 집합이기 때문에 대문자 X를 사용하고 있다.

예제 6 집합 $A=\{1, 2, 3\}$이 주어졌을 때 A의 멱집합 P^A를 구하여라.

풀이 집합 A의 모든 부분집합은

$$\varnothing, \{1\}, \{2\}, \{3\}, \{1, 2\}, \{1, 3\}, \{2, 3\}, \{1, 2, 3\}$$

이므로

$$P^A=\{\varnothing, \{1\}, \{2\}, \{3\}, \{1, 2\}, \{1, 3\}, \{2, 3\}, \{1, 2, 3\}\}$$

이다.

첨자집합의 정의

집합족 $\{A_1, A_2, A_3, \cdots\}$을 생각할 때 원소(집합) 수가 많으면 첨자를 붙여 구별한다. 이때 원소(집합)가 무한히 많다면 일일이 번호 1, 2, 3, ⋯을 모두 붙여서 구별하는 것은 번거로우므로 집합족의 원소들에 첨자로 붙이는 일반적인 첨자집합(index set)을 도입하여 사용하면 유용할 것이다. 앞으로 일반적인 첨자집합을 Λ(lambda라고 읽음)로 나타내고 그 원소들을 소문자 λ표시하자.

집합족 $\{A_1, A_2, A_3, \cdots\}$의 첨자집합은 $\{1, 2, 3, \cdots\}$이므로 이 경우에는 $\Lambda=\{1, 2, 3, \cdots\}$으로 나타낼 수 있다. 또한, 집합족 $\{A_1, A_2, A_3, \cdots\}$을 이 첨자집합을 이용하면 간편하게 나타낼 수 있다. 즉,

$$\{A_1, A_2, A_3, \cdots\}=\{A_\lambda\}_{\lambda\in\Lambda}$$

또한 집합족들의 원소들 간의 교집합과 합집합도 첨자집합을 이용하면 다음과 같이 간편하게 나타낼 수 있다.

$$A_1\cap A_2\cap A_3\cap\cdots = \bigcap_{i=1}^{\infty} A_i = \bigcap_{\lambda\in\Lambda} A_\lambda$$

$$A_1 \cap A_2 \cup A_3 \cup \cdots = \bigcup_{i=1}^{\infty} A_i = \bigcup_{\lambda \in \Lambda} A_\lambda$$

그러므로 이들은 다음과 같이 나타낼 수도 있다.

$$\bigcap_{\lambda \in \Lambda} A_\lambda = \{x \mid \forall \lambda \in \Lambda, x \in A_\lambda\}$$

$$\bigcup_{\lambda \in \Lambda} A_\lambda = \{x \mid \exists \lambda \in \Lambda, x \in A_\lambda\}$$

Λ가 유한집합 $\{1, 2, 3, \cdots, n\}$일 때는 다음과 같이 써도 좋다.

$$\bigcap_{\lambda \in \Lambda} A_\lambda = \bigcap_{i=1}^{n} A_i, \quad \bigcap_{\lambda \in \Lambda} A_\lambda = \bigcup_{i=1}^{n} A_i$$

정리 5

일반화된 분배법칙

(1) $A \cap (\bigcup_{\lambda \in \Lambda} B_\lambda) = \bigcup_{\lambda \in \Lambda} (A \cap B_\lambda)$

(2) $A \cup (\bigcap_{\lambda \in \Lambda} B_\lambda) = \bigcap_{\lambda \in \Lambda} (A \cup B_\lambda)$

증명 (1)만 증명하고 나머지는 독자에게 맡긴다.

이 정리를 증명하기 위하여

$$x \in A \cap (\bigcup_{\lambda \in \Lambda} B_\lambda) \Leftrightarrow x \in \bigcup_{\lambda \in \Lambda} (A \cap B_\lambda)$$

임을 밝히면 된다. 실제로,

$$\begin{aligned} x \in A \cap (\bigcup_{\lambda \in \Lambda} B_\lambda) &\Leftrightarrow (x \in A) \wedge (x \in \bigcup_{\lambda \in \Lambda} B_\lambda) \\ &\Leftrightarrow (x \in A) \wedge (\exists \lambda \in \Lambda,\ x \in B_\lambda) \\ &\Leftrightarrow \exists \lambda \in \Lambda,\ x \in (A \cap B_\lambda) \\ &\Leftrightarrow x \in \bigcup_{\lambda \in \Lambda} (A \cap B_\lambda) \end{aligned}$$

따라서

$$A \cap (\bigcup_{\lambda \in \Lambda} B_\lambda) = \bigcup_{\lambda \in \Lambda} (A \cap B_\lambda)$$

이므로 증명이 된다. ■

정리 6

일반화된 드 모르간 법칙

(1) $\left(\bigcap_{\lambda\in\Lambda} A_\lambda\right)^c = \bigcup_{\lambda\in\Lambda} A_\lambda^c$

(2) $\left(\bigcup_{\lambda\in\Lambda} A_\lambda\right)^c = \bigcap_{\lambda\in\Lambda} A_\lambda^c$

증명 (2)만 증명하고 나머지는 독자에게 맡긴다.

이 정리를 증명하기 위하여

$$x\in\left(\bigcup_{\lambda\in\Lambda} A_\lambda\right)^c \Leftrightarrow x\in\bigcap_{\lambda\in\Lambda} A_\lambda^c$$

임을 밝히면 된다. 실제로,

$$\begin{aligned} x\in\left(\bigcup_{\lambda\in\Lambda} A_\lambda\right)^c &\Leftrightarrow \sim\left(x\in\bigcup_{\lambda\in\Lambda} A_\lambda\right) \Leftrightarrow \sim(\exists\,\lambda\in\Lambda,\ x\in A_\lambda) \\ &\Leftrightarrow \forall\,\lambda\in\Lambda,\ x\notin A_\lambda \Leftrightarrow \forall\,\lambda\in\Lambda,\ x\in A_\lambda^c \\ &\Leftrightarrow x\in\bigcap_{\lambda\in\Lambda} A_\lambda^c \end{aligned}$$

따라서

$$\left(\bigcup_{\lambda\in\Lambda} A_\lambda\right)^c = \bigcap_{\lambda\in\Lambda} A_\lambda^c$$

이므로 증명이 된다. ■

유한집합은 충분한 시간만 있으면 원소의 개수가 몇 개인지 셀 수 있다. 그러나 무한집합의 크기는 어떻게 비교할 수 있을까?

이제 집합의 원소의 개수를 비교하는 대등, 가부번집합, 연속체의 농도 등에 대하여 정의하고 이들에 대한 예를 제시하여 알아보자.

대등한 집합의 정의

두 집합 A와 B 사이에 적어도 하나의 전단사함수가 존재할 때, 두 집합 A와 B는 대등(equivalent)이라 하고 $A\sim B$로 나타낸다.

예제 7 자연수의 집합을 N, 양의 짝수의 집합을 E라 하면 $N \sim E$임을 알아보아라.

풀이 $N \sim E$를 보이려면 N에서 짝수 전체의 집합

$$E = \{\cdots, -4, -2, 0, 2, 4, \cdots\}$$

로의 전단사함수를 구성해야 한다. 함수 $f: N \to E$를 $f(n) = 2n$으로 생각하면 f는 전단사함수이다. 그러므로 $N \sim E$이다. ☼

예제 8 자연수의 집합을 N, 정수의 집합을 Z라 하면 $N \sim Z$임을 알아보아라.

풀이 N에 속하는 1을 Z에 속하는 0에, N에 속하는 짝수 $2n$을 Z에 속하는 양의 정수 n에, N에 속하는 홀수 $2n+1$을 Z에 속하는 음의 정수 $-n$에 대응시키는 것을 생각하면 이 대응은 일대일 대응이다.

$$\begin{array}{rcccccc} N = \{1, & 2, & 3, & 4, & 5, & \cdots\} \\ \downarrow & \downarrow & \downarrow & \downarrow & \downarrow & \downarrow \\ Z = \{0, & 1, & -1, & 2, & -2, & \cdots\} \end{array}$$

그러므로 $N \sim Z$이다. ☼

A가 유한집합이면 A는 그의 진부분집합과 절대로 대등이 될 수 없지만 A가 무한집합인 경우에는 그의 진부분집합과 대등이 될 수 있다.

가부번의 정의

자연수의 집합과 대등인 집합을 가부번집합(enumerable set)이라 한다.

어떤 집합이 가부번집합(enumerable set)이라는 것은 직관적으로 말하면 그 집합의 원소를 모두 번호를 붙여 셀 수 있다는 것으로, 이를 수학적으로 엄밀하게 표현하면 다음과 같다. 집합 A와 자연수의 집합 N 사이에 일대일 대응이 존재할 때, 즉 A에서 N으로의 전단사함수가 존재할 때 A를 가부번집합이라 한다. 따라서 가부번집합은 $\{a_1, a_2, a_3, \cdots\}$로 쓸 수 있다.

예제 9 양의 유리수 집합 Q^+는 가부번집합임을 알아보아라.

풀이 양의 유리수 집합과 자연수 집합 사이에 일대일 대응이 됨을 보여주면 된다. 양의 유리수 집합을 다음과 같이 나열한다.

$$\frac{1}{1};\ \frac{1}{2},\ \frac{2}{1};\ \frac{1}{3},\ \left(\frac{2}{2}\right),\ \frac{3}{1};\ \frac{1}{4},\ \frac{2}{3},\ \frac{3}{2},\ \frac{4}{1};$$
$$\frac{1}{5},\ \left(\frac{2}{4}\right),\ \left(\frac{3}{3}\right),\ \left(\frac{4}{2}\right),\ \frac{5}{1};\ \frac{1}{6},\ \frac{2}{5},\ \frac{3}{4},\ \frac{5}{2},\ \frac{6}{1};\ \cdots$$

단, ( ) 안에 있는 것 같이 기약분수가 아닌 것들은 수열에서 제외한다. 이때 이 수열의 각 유리수에 자연수 1, 2, 3, $\cdots$을 대응시키면 양의 유리수 집합 Q^+와 자연수의 집합의 원소 사이에는 일대일 대응이 된다. 그러므로 Q^+는 가부번집합이다.

정리 7

가부번집합의 무한부분집합은 또 하나의 가부번집합이다.

증명 이 정리를 증명하기 위하여 가부번집합을

$$M=\{m_1,\ m_2,\ m_3,\ \cdots,\ m_n,\ \cdots\}$$

이라 하고, M'을 그의 무한부분집합이라고 하자. M에서 끄집어낸 원소를 기호의 크기순으로 나열하여 $m_{a_1},\ m_{a_2},\ m_{a_3},\ \cdots$라 하자. 즉,

$$M'=\{m_{a_1},\ m_{a_2},\ m_{a_3},\ \cdots\}$$

이때 M'을 다음과 같이 자연수 집합과 대응시키면 일대일 대응이 된다.

$$\begin{array}{cccc} 1 & 2 & 3 & \cdots \\ \downarrow & \downarrow & \downarrow & \downarrow \\ m_{a_1}, & m_{a_2}, & m_{a_3}, & \cdots \end{array}$$

그러므로 M'은 가부번집합이다. ■

정리 8

하나의 가부번집합에 다른 하나의 가부번집합을 합한 집합은 가부번집합이다.

증명 이 정리를 증명하기 위하여 두 가부번집합을

$$M = \{m_1,\ m_2,\ m_3,\ \cdots\},\ N = \{n_1,\ n_2,\ n_3,\ \cdots\}$$

라 하고, 합한 집합을

$$P = \{m_1,\ n_1,\ m_2,\ n_2,\ m_3,\ n_3,\ \cdots\}$$

라고 하자.

여기서 다음과 같이 자연수를 일대일 대응할 수 있다.

$$\begin{array}{ccccccc} 1 & 2 & 3 & 4 & 5 & 6 & \\ \downarrow & \downarrow & \downarrow & \downarrow & \downarrow & \downarrow & \downarrow \\ m_1, & n_1, & m_2, & n_2, & m_3, & n_3, & \cdots \end{array}$$

그러므로 P는 가부번집합이다. ■

집합의 농도의 정의

두 집합 A, B가 대등할 때 이들 집합은 농도(density, cardinality)가 같다고 말하고 $n(A) = n(B)$로 나타낸다. 두 무한집합의 원소 사이에 일대일 대응이 이루어질 때 농도(濃度; cardinal number)가 같다고 한다. 농도는 유한집합의 원소의 개수에 해당한다. 무한집합 중에서 자연수의 집합과 같은 농도를 $\aleph_0$(aleph zero)로 나타내도 이러한 농도를 가지는 무한집합을 가산집합(可算集合; countable set) 또는 가부번집합(可附番集合 ; denumerable set)이라 하고, 실수 전체의 집합의 농도를 연속체의 농도(連續體 濃度; contimum)라고 하고 $\aleph$ (aleph)로 나타낸다.

자연수의 집합 N과 양의 짝수의 집합 E는 서로 대등하므로 농도는 같다고 말하고 $n(N) = n(E)$로 나타낸다.

정리 9

개구간 $(-\infty, \infty)$와 개구간 $(0, 1)$은 대등하다.

증명 직선상의 점과 개구간 $(0, 1)$의 점이 일대일 대응이 되는 것을 보이면 된다. [그림 1.1]에서 직선상의 한 점 y를 취하고 yN과 MS와의 교점을 P라 하고, P에서 직선에 수선을 긋고 그 발을 x라 하면 x는 개구간 $(0, 1)$의 점 x에 대응한다. 직선상의 모든 점에 대해서 이와 같이 하면 직선상의 점은 개구간 $(0, 1)$ 안의 점과 일대일 대응이 된다.

따라서 개구간 $(-\infty, \infty)$와 개구간 $(0, 1)$은 대등하다.

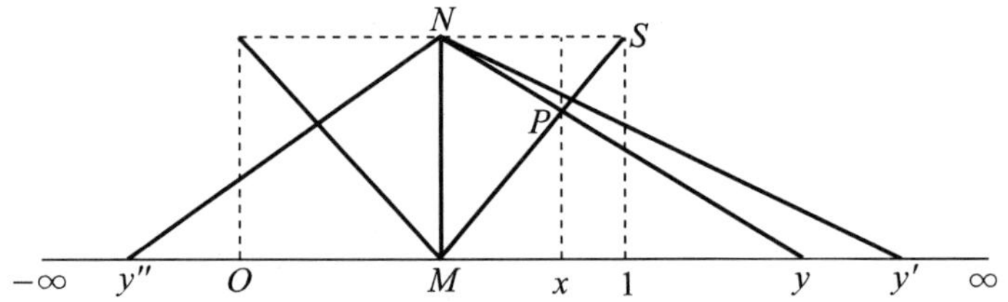

[그림 1.1] ■

비가부번집합의 정의

가부번집합이 아닌 집합을 비가부번집합이라고 한다.

정리 10

실수집합은 비가부번집합이다.

증명 실수 전체의 집합과 $S=\{x|0<x<1\}$은 대등이므로 S가 가부번집합이 아니라는 것을 증명하면 된다. S의 모든 원소는 $0 \cdot \alpha\beta\gamma\cdots$와 같은 꼴의 무한소수로 나타내어진다.

S를 가부번집합이라고 가정하면 S에 속하는 모든 실수는 자연수와 일대일 대응이 된다. 이 대응에서 자연수 n에 대응되는 S의 원소를 x_n이라고 하고 x_n을 다음과 같이 나타내기로 한다.

$$0 \cdot a_{11}a_{12}a_{13}a_{14}\cdots$$
$$0 \cdot a_{21}a_{22}a_{23}a_{24}\cdots$$
$$0 \cdot a_{31}a_{32}a_{33}a_{34}\cdots$$

$$\vdots$$

다음과 같은 무한소수를 하나 생각해보자.

$$w = 0 \cdot b_1 b_2 b_3 \cdots$$

여기서 b_1은 0이 아니고 a_{11}도 아닌 1, 2, 3, ⋯, 9 중의 어느 한 숫자이고, b_2는 0이 아니고 a_{22}도 아닌 1, 2, 3, ⋯, 9 중의 어느 한 숫자이며, b_3도 0이 아니고 a_{33}도 아닌 1, 2, 3, ⋯, 9 중의 어느 한 숫자라 한다. 이하 마찬가지로 b_4, b_5, ⋯를 정한다. 이와 같이 b_1, b_2, ⋯를 정해서 $w = 0 \cdot b_1 b_2 b_3 \cdots$인 소수를 만들면 이 무한소수는 위의 x_1, x_2, ⋯ 중의 어느 실수와도 다르다. 이것은 가정에 모순이다. 그러므로 집합 $S = \{x \mid 0 < x < 1\}$은 가부번집합이다. ■

1.3 연습문제

1. 다음 명제는 옳은가?

(1) $A \cap B = \varnothing$ 이면 $A = \varnothing$ 또는 $B = \varnothing$

(2) $A \cap B = \varnothing$ 이면 $A = \varnothing$ 이고 $B = \varnothing$

(3) $A \cup B = \varnothing$ 이면 $A = \varnothing$ 또는 $B = \varnothing$

(4) $A \cup B = \varnothing$ 이면 $A = \varnothing$ 이고 $B = \varnothing$

2. 다음 등식이 성립하는 것을 증명하여라.

(1) $M - (A \cap B) = (M - A) \cup (M - B)$

(2) $M - (A \cup B) = (M - A) \cap (M - B)$

3. 다음 등식이 성립하는 것을 증명하여라.

$$(A \cap (B \cup C))^c = A^c \cup (B^c \cap C^c)$$

4. $(A - B) \cup (B - A)$를 A, B의 대칭차라 하고 $A \triangle B$로 나타낸다.

다음 물음에 답하여라.

(1) $A \triangle B$를 벤다이어그램으로 나타내어라.

(2) $A \triangle B$를 집합으로 나타내어라.

(3) $A = B \Rightarrow A \triangle B = \varnothing$ 의 역은 참인가?

(4) $(A \triangle B) \triangle C = A \triangle (B \triangle C)$가 성립하는가?

5. $\Lambda = \{1,\ 2,\ 3,\ 4\}$이고 $A_1 = \{a,\ b,\ c,\ d\}$, $A_2 = \{b,\ c,\ d\}$, $A_3 = \{a,\ b,\ c\}$, $A_4 = \{a,\ b\}$라 할 때 다음을 구하여라.

(1) $\bigcap_{i=1}^{4} A_i$ (2) $\bigcup_{i=1}^{4} A_i$

6. 임의의 실수 x에 구간 $A_x = [x,\ x+1]$을 대응시킨다. 이때 다음 집합을 구하여라. (단, N은 자연수집합)

(1) $\bigcap_{x \in N} A_x$ (2) $\bigcup_{x \in N} A_x$

7. 3의 배수의 집합은 가부번집합임을 증명하여라.

8. 유리수 집합은 가부번집합임을 증명하여라.

9. 개구간 $(0,\ 1)$과 $(a,\ b)$는 대등임을 증명하여라.

10. 개구간 $(-1,\ 1)$은 비가부번 집합임을 증명하여라.

1.4 조건명제와 진리집합

명제는 참과 거짓인 명제로 구분할 수 있다. 그러나 변수에 따라 명제의 참과 거짓으로 구별되는 명제를 생각할 수 있다. 이 절에서는 이와 같은 명제들을 정의하고 이에 대한 예를 제시하여 알아보자.

조건명제

명제 중에는 변수에 수치를 대입해보면 명제의 참과 거짓을 구별할 수 있다. 이와 같이 변수에 따라 명제가 참과 거짓으로 구별되는 명제를 조건명제 또는 명제함수(propositional function)라고 한다.

다음 명제들은 참과 거짓으로 구별할 수 없다.

$$x^2 < 2x+3 \qquad \cdots①$$

$$y = x+5 \qquad \cdots②$$

그러나 명제 ①에서 x의 값이 $-1 < x < 3$인 경우에는 참인 명제이고 다른 경우에는 거짓인 명제가 된다. 명제 ②에서 y가 x보다 5가 큰 경우에만 참인 명제가 되고, 그렇지 않은 경우에는 거짓인 명제가 된다.

진리집합

전체집합을 U라 하고 U에 속하는 변수 x를 품는 조건명제를 $p(x)$로 나타낼 때 $p(x)$를 참으로 하는 모든 $x \in U$의 집합 P를 U에 있어서의 $p(x)$의 진리집합(truth set)이라고 한다. 즉,

$$P = \{x \mid p(x),\ x \in U\}$$

실수 전체의 집합을 U라 하고, U에 속하는 변수 x를 품는 조건명제를 $x^2 < 2x+3$이라고 하면 $p(x)$의 진리집합은

$$P = \{x \mid -1 < x < 3,\ x \in R\}$$

전체집합 U에 두 개의 조건명제 $p(x)$, $q(x)$의 진리집합을 각각

P, Q라 하면

$$\begin{aligned}\{x \mid p(x) \wedge q(x)\} &= \{x \mid x \in P\} \wedge \{x \in Q\} \\ &= \{x \mid x \in P \cap Q\} \\ &= P \cap Q\end{aligned}$$

따라서 조건명제 $p(x) \wedge q(x)$의 진리집합은 $P \cap Q$이다.

예제 1 전체집합 U에 두 개의 조건명제 $p(x)$, $q(x)$의 진리집합을 각각 P, Q라 할 때 $p(x) \vee q(x)$의 진리집합을 구하여라.

풀이

$$\begin{aligned}\{x \mid p(x) \vee q(x)\} &= \{x \mid x \in P\} \vee \{x \in Q\} \\ &= \{x \mid x \in P \cup Q\} \\ &= P \cup Q\end{aligned}$$

따라서 합성명제 $p(x) \vee q(x)$의 진리집합은 $P \cup Q$이다.

전체집합 U에 두 개의 조건명제 $p(x)$, $q(x)$의 진리집합을 각각 P, Q라 할 때 $p(x) \rightarrow q(x)$의 진리집합을 생각해보자.

U의 각 원소에 대하여 $p(x) \rightarrow q(x)$는 하나의 조건문인 명제를 나타내고 있다. 그런데

$$p(x) \rightarrow q(x) \equiv \sim p(x) \vee q(x)$$

이므로

$$\begin{aligned}\{x \mid p(x) \rightarrow q(x)\} &\equiv \{x \mid \sim p(x) \vee q(x)\} \\ &\equiv P^c \cup Q\end{aligned}$$

이다. 따라서 $p(x) \rightarrow q(x)$의 진리집합은 $P^c \cup Q$이다.

예제 2 전체집합 U에 두 개의 조건명제 $p(x)$, $q(x)$의 진리집합을 각각 P, Q라 할 때 $p(x) \leftrightarrow q(x)$의 진리집합을 구하여라.

풀이

$$\begin{aligned}\{x \mid p(x) \leftrightarrow q(x)\} &= \{x \mid [p(x) \rightarrow q(x)] \wedge [q(x) \rightarrow p(x)]\} \\ &= \{x \mid p(x) \rightarrow q(x)\} \cap \{x \mid q(x) \rightarrow p(x)\} \\ &= (P^c \cup Q) \cap (P \cup Q^c)\end{aligned}$$

따라서 쌍조건문 $p(x) \leftrightarrow q(x)$의 진리집합은 $(P^c \cup Q) \cap (P \cup Q^c)$이다. ◎

전체집합 U의 모든 원소 x에 대하여 조건명제 $p(x) \to q(x)$가 참이면, 즉

$$x \in U,\ p(x) \Rightarrow q(x)$$

이면 $p(x)$는 $q(x)$가 되기 위한 충분조건이고, $q(x)$는 $p(x)$가 되기 위한 필요조건이다.

실제로, $p(x)$, $q(x)$의 진리집합을 각각 P, Q라 하면

$$\{x \mid p(x) \to q(x)\} \equiv P^c \cup Q$$

인데, 만일 $P^c \cup Q = U$라면 진리집합의 정의에 의하여 $p(x) \to q(x)$는 U의 모든 원소 x에 대하여 참이다. 그런데

$$P^c \cup Q = U \Leftrightarrow P \cap Q^c = \phi \Leftrightarrow P \subseteq Q$$

이므로 $P \subseteq Q$일 때는 $p(x) \to q(x)$는 U의 모든 원소 x에 대하여 참이다. 또한 이 역도 성립한다. 즉,

$$x \in U,\ p(x) \Rightarrow q(x) \ \Leftrightarrow \ P \subseteq Q$$

이다. 따라서 다음과 같이 말할 수 있다.

$p(x)$, $q(x)$의 진리집합을 P, Q라 할 때 $P \subseteq Q$이면 $p(x)$는 $q(x)$가 되기 위한 충분조건이고, $q(x)$는 $p(x)$가 되기 위한 필요조건이다.

유사하게, 전체집합 U의 모든 원소 x에 대하여 조건명제 $p(x) \leftrightarrow q(x)$가 참이면, 즉

$$x \in U,\ p(x) \Leftrightarrow q(x)$$

이면 $p(x)$는 $q(x)$가 되기 위한 필요충분조건이다.

$p(x)$, $q(x)$의 진리집합을 각각 P, Q라 하면

$$\{x \mid p(x) \leftrightarrow q(x)\} \equiv (P^c \cup Q) \cap (P \cup Q^c)$$

인데, 만일

$$(P^c \cup Q) \cap (P \cup Q^c) = U$$

라면 진리집합의 정의에 의하여 $p(x) \leftrightarrow q(x)$는 U의 모든 원소 x에 대하여 참이다. 그런데

$$\begin{aligned}(P^c \cup Q) \cap (P \cup Q^c) = U &\Leftrightarrow (P^c \cup Q = U) \wedge (P \cup Q^c = U) \\ &\Leftrightarrow (P \subseteq Q) \wedge (Q \subseteq P) \Leftrightarrow P = Q\end{aligned}$$

이므로 $P = Q$일 때는 $p(x) \leftrightarrow q(x)$는 U의 모든 원소 x에 대하여 참이다. 또한 이 역도 성립한다. 즉,

$$x \in U,\ p(x) \Leftrightarrow q(x) \Leftrightarrow P = Q$$

이다. 따라서 다음과 같이 말할 수 있다.

$p(x)$, $q(x)$의 진리집합을 P, Q라 할 때 $P = Q$이면 $p(x)$는 $q(x)$가 되기 위한 필요충분조건이다.

예제 3 $y \le a(x^2-1)$은 $|x| + y - 1 \le 0$이 성립하기 위한 충분조건이라고 한다. 실수 a의 값을 구하여라. 단, x, y는 실수이다.

풀이

$$y \le a(x^2-1) \quad \cdots ①$$

$$|x| + y - 1 \le 0 \quad \cdots ②$$

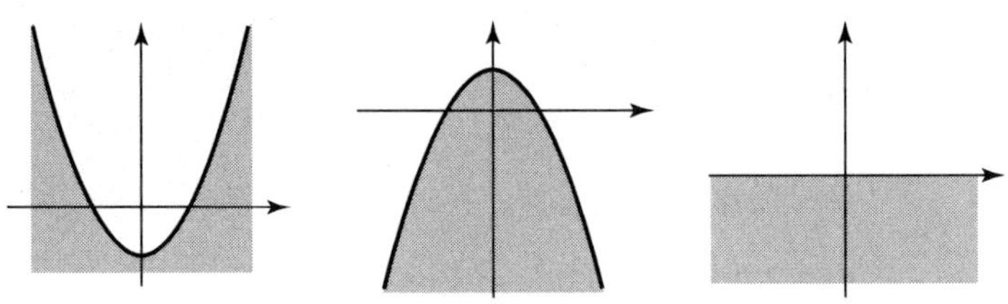

(a>0) (a<0) (a=0)

[그림 1.2]

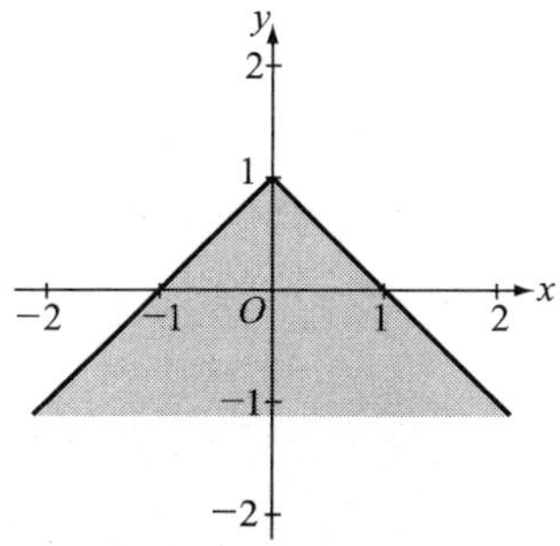

[그림 1.3]

①$\Rightarrow$②이므로 ①의 진리집합을 P, ②의 진리집합을 Q라 하면

$$P \subseteq Q \qquad \cdots③$$

이 성립하도록 a값을 구하면 된다. ①에서 P는 a값에 따라서 [그림 1.2]의 음영 부분이고, ②에서 Q는 [그림 1.3]의 음영 부분이다. 따라서 ③이 성립하기 위한 조건은 "$a<0$일 때이고 절선의 아래쪽에 포물선이 있다."는 것이 된다.

따라서 $y \le a(x^2-1)$, $|x|+y-1 \le 0$과 두 그래프가 모두 y축에 관해서 대칭이라는 것을 생각하면 구하는 조건은 항상

$$-x+1 \ge a(x^2-1)$$

이 성립하는 것이다.

그런데 $a<0$이므로 $ax^2+x-(a+1) \le 0$에서 판별식 $D=1+4a(a+1) \le 0$, 즉

$$4\left(a+\frac{1}{2}\right)^2 \le 0$$

이므로, 따라서 $a=-\dfrac{1}{2}$이다.

조건명제는 변수에 따라 참과 거짓으로 구별할 수 있다. 이와 같은 조건명제에서 변수를 어떻게 규정하여 새로운 명제를 생각할 수 있다.

이제 한정명제들을 정의하고 이에 대한 예를 제시하여 알아보자.

전칭명제와 존재명제

조건명제 $p(x)$는 변수 x의 값에 따라서 참이 될 수도 있고 거짓이 될 수도 있다. 이와 같은 조건명제 $p(x)$에 '모든 $x \in U$에 대하여'를 첨가하여 새로운 명제를 만들 수 있다. 즉,

모든 $x \in U$에 대하여 $p(x)$이다.

를 전칭명제(universal proposition)라 하고, 이것을

$$\forall x \in U,\ p(x) \text{ or } \forall x,\ p(x)$$

로 쓰며, 기호 $\forall$를 전칭기호(universal quantifier)라고 한다. 또,

어떤 $x \in U$에 대하여 $p(x)$이다.

를 존재명제(existential proposition)라 하고, 이것을

$$\exists x \in U,\ p(x) \text{ or } \exists x,\ p(x)$$

로 쓰며, 기호 $\exists$를 존재기호(existential quantifier)라고 한다.

x를 임의의 자연수 집합 N의 원소이고, $p(x)$를

x는 소수이다.

라고 할 때, $p(x)$는 x의 값에 따라서 참이 되거나 거짓이 되기도 하는 조건명제이다. 이 조건명제에서 다음과 같은 두 명제를 생각할 수 있다.

모든 $x \in N$에 대하여 x는 소수이다. …①
어떤 $x \in N$에 대하여 x는 소수이다. …②

그러면 ①은 거짓인 명제이고, ②는 참인 명제가 된다.

예제 4 x를 정수라 가정하자. $p(x)$는 술어 $x = x^2$이라 하자. 다음 명제의 진리값을 구하여라.

(1) $\forall x,\ p(x)$ (2) $\exists x,\ p(x)$

풀이 (1) 모든 정수가 자신의 제곱과 같은가 하는 질문이다. 조금만 생각하

면 $x=2$이면 $x^2=4$임을 알 수 있다. 따라서 명제는 거짓이다.

(2) $x=1$이면 $x^2=1$이므로 명제는 참이다.

한정명제

전칭명제와 존재명제를 총칭하여 한정명제라 하고, 전칭기호와 존재기호를 총칭하여 한정기호라고 한다.

$x \in U$이고 U가 유한집합일 때, 즉

$$U=\{x_1,\ x_2,\ \cdots,\ x_n\}$$

일 때 한정명제는 다음과 같이 나타내어진다.

$$\forall x,\ p(x) \equiv p(x_1) \wedge p(x_2) \wedge p(x_3) \wedge \cdots \wedge p(x_n)$$
$$\exists x,\ p(x) \equiv p(x_1) \vee p(x_2) \vee p(x_3) \vee \cdots \vee p(x_n)$$

$\forall x,\ p(x)$는 $p(x_1),\ p(x_2),\ p(x_3),\ \cdots,\ p(x_n)$ 모두가 참일 때 참이고, 적어도 하나가 거짓이면 거짓이 된다.

$\exists x,\ p(x)$는 $p(x_1),\ p(x_2),\ p(x_3),\ \cdots,\ p(x_n)$ 중에서 적어도 하나가 참일 때 참이고, 모두가 거짓일 때만 거짓이 된다.

반례와 한정명제의 부정

명제 $\forall x,\ p(x)$가 거짓이라는 것을 증명하기 위하여 명제 $\exists x,\ \sim p(x)$가 참이라는 것을 밝히면 된다. 즉, $\sim p(x)$가 참이 되는 x의 값 x_0를 하나 보이면 된다. 이 x_0를 명제 $\forall x,\ p(x)$의 반례(counter example)라고 한다.

$\forall x,\ p(x) \equiv p(x_1) \wedge p(x_2) \wedge p(x_3) \wedge \cdots \wedge p(x_n)$이므로

$$\begin{aligned} \sim(\forall x,\ p(x)) &\equiv \sim[p(x_1) \wedge p(x_2) \wedge p(x_3) \wedge \cdots \wedge p(x_n)] \\ &\equiv \sim p(x_1) \vee \sim p(x_2) \vee \sim p(x_3) \vee \cdots \vee \sim p(x_n) \\ &\equiv \exists x,\ \sim p(x) \end{aligned}$$

이다. 따라서

$$\sim(\forall x,\ p(x)) \equiv \exists x,\ \sim p(x)$$

이다. 유사하게, 같은 방법으로 계산하면

$$\sim (\exists\, x,\ p(x)) \equiv \forall\, x,\ \sim p(x)$$

이다.

예제 5 x와 y를 양의 정수라 하자. 다음 명제의 부정을 표현하여라.

(1) $\forall\, x,\ p(x)$ (2) $\exists\, y,\ p(y)$

풀이 술어 $p(x)$가 모든 x에 대하여 사실이 아니라면, $p(x)$가 거짓인 x가 존재해서 $\sim p(x)$는 참일 것이다. 즉, $\sim(\forall\, x, p(x))$는 다음과 같다.

$$\exists\, x,\ \sim p(x)$$

유사하게, $\sim(\exists\, y,\ p(y))$는 다음과 같다.

$$\forall\, y,\ (\sim p(y))$$

예제 6 다음 한정명제의 참과 거짓을 구별하여라.

$p(x) = 2x^3 - x^2 + 7x - 5$와 $q(x) = x^2 + 3$에 대해서,

"어떤 정수 x에 대해서도 $p(x)$가 나타나는 정수는 $q(x)$가 나타내는 정수의 정수배는 아니다."

풀이 $p(x)$를 $q(x)$로 나누면 몫이 $2x-1$, 나머지가 $x-2$이다.

$$p(x) = q(x)(2x-1) + (x-2)$$

$x=2$라면 $p(2) = q(2) \cdot 3$이므로 $p(2)$는 $q(2)$의 3배이다. 따라서 주어진 명제는 거짓이다.

한정기호를 2개 품는 한정명제를 생각해보자.

(1) $\forall\, x\, \forall\, y,\ p(x,\ y)$
(2) $\exists\, x\, \forall\, y,\ p(x,\ y)$
(3) $\forall\, y\, \exists\, x,\ p(x,\ y)$
(4) $\exists\, y\, \exists\, x,\ p(x,\ y)$

(1)은

$$\forall x\{\forall y,\ p(x,\ y)\}$$

이므로, (1)이 참이라는 것은

모든 x에 대하여 $\forall y,\ p(x,\ y)$가 성립한다.

즉, 다시 말하면

모든 x에 대하여 어떤 y를 취하더라도 $p(x,\ y)$가 성립한다.

는 것이다.

(2)는

$$\exists x\{\forall y,\ p(x,\ y)\}$$

이므로, (2)가 참이라는 것은

$\forall y,\ p(x,\ y)$가 성립하는 x의 값이 존재한다.

다시 말하면

x의 적당한 값 x_0에 대해서는 어떤 y를 취하더라도
$p(x_0,\ y)$가 성립한다.

는 것이다.

(3)은

$$\forall x\{\exists y,\ p(x,\ y)\}$$

이므로, (3)이 참이라는 것은

y의 임의의 값 y_0에 대해서 $\exists x,\ p(x,\ y)$가 성립한다.

다시 말하면

y의 임의의 값 y_0에 대해서 그들의 각각에 대응하는
적당한 값 x_0를 취하면 $p(x_0,\ y_0)$가 성립한다.

는 것이다.

(4)는

$$\exists y\{\exists x,\ p(x,\ y)\}$$

이므로, (4)가 참이라는 것은

$\exists x,\ p(x,\ y)$가 성립하는 적당한 y의 값이 존재한다.

다시 말하면

y의 적당한 값 y_0에 대해서 적당한 값 x_0를 취하면 $p(x_0,\ y_0)$가 성립한다.

는 것이다.

위의 한정기호 4개 사이에는 다음 함의 식이 성립한다.

$$\begin{aligned}\forall x\,\forall y,\ p(x,\ y) &\Rightarrow \exists x\,\forall y,\ p(x,\ y)\\ &\Rightarrow \forall y\,\exists x,\ p(x,\ y)\\ &\Rightarrow \exists y\,\exists x,\ p(x,\ y)\end{aligned}$$

x가 속하는 전체집합을 U, y가 속하는 전체집합을 V라고 할 때 $\forall x\,\forall y,\ p(x,\ y)$가 참이면 U의 원소 a에 대해서 $\forall y,\ p(a,\ y)$가 참이다. 따라서

$$\forall x\,\forall y,\ p(x,\ y) \Rightarrow \exists x\,\forall y,\ p(x,\ y) \qquad \cdots ①$$

다음은 $\exists x\,\forall y,\ p(x,\ y)$가 참이면 U의 원소 a, V의 임의의 원소 b에 대해서 $p(a,\ b)$는 참이다. 따라서 $\forall y\,\exists x,\ p(x,\ y)$는 참이다. 그러므로

$$\exists x\,\forall y,\ p(x,\ y) \Rightarrow \forall y\,\exists x,\ p(x,\ y) \qquad \cdots ②$$

다음은 $\forall y\,\exists x,\ p(x,\ y)$가 참이면 V의 임의의 원소 b에 대해서 $\exists x,\ p(x,\ b)$는 참이다. 따라서 $\exists y\,\exists x,\ p(x,\ y)$는 참이다. 그러므로

$$\forall y\,\exists x,\ p(x,\ y) \Rightarrow \exists y\,\exists x,\ p(x,\ y) \qquad \cdots ③$$

유의할 사항은 $\forall y\,\exists x,\ p(x,\ y) \nRightarrow \exists x\,\forall y,\ p(x,\ y)$이다.

예를 들어, 실수의 집합에서 조건명제 $p(x,\ y) : x > y$를 생각

해보자.

$$\forall y \exists x,\ [x > y]\text{는 참인데 } \exists x \forall y,\ [x > y]\text{는 거짓}$$

이다. 즉, 어떤 실수 y를 취하더라도 적당한 실수 x를 취하면 $x > y$는 거짓이다. 따라서 이 경우에

$$\forall y \exists x,\ p(x,\ y) \to \exists x \forall y,\ p(x,\ y)\text{는 거짓}$$

이다. 즉, $\forall y \exists x,\ p(x,\ y) \Rightarrow \exists x \forall y,\ p(x,\ y)$는 성립하지 않는다. 따라서 $\exists x \forall y,\ p(x,\ y)$와 $\forall y \exists x,\ p(x,\ y)$는 동치가 아니다. $\exists x \forall y$에서 $\forall y \exists x$는 얻어지지만 $\forall y \exists x$에서 $\exists x \forall y$는 얻어지지 않는다.

다음은 한정명제의 부정을 생각해보자.

$$\begin{aligned} \sim \{\forall x \forall y,\ p(x,\ y)\} &\equiv \exists x \sim [\forall y,\ p(x,\ y)] \\ &\equiv \exists x \exists y,\ \sim p(x,\ y) \end{aligned}$$

같은 방법으로 계산하면 다음과 같은 동치인 명제들을 얻을 수 있다.

$$\sim \{\forall x \forall y,\ p(x,\ y)\} \equiv \exists x \exists y,\ \sim p(x,\ y) \qquad \cdots ④$$
$$\sim \{\exists x \forall y,\ p(x,\ y)\} \equiv \forall x \exists y,\ \sim p(x,\ y) \qquad \cdots ⑤$$
$$\sim \{\forall x \exists y,\ p(x,\ y)\} \equiv \exists x \forall y,\ \sim p(x,\ y) \qquad \cdots ⑥$$
$$\sim \{\exists x \exists y,\ p(x,\ y)\} \equiv \forall x \forall y,\ \sim p(x,\ y) \qquad \cdots ⑦$$

예제 7 다음 명제의 참과 거짓을 구별하여라. 단, x, y는 모두 실수이다.

(1) $\exists y \forall x : (y > -x^2 + x + 1) \wedge (y < x^2 + x + 3)$

(2) $\forall x \exists y : (y > -x^2 - 4x - 6) \wedge (y < x^2 + 6x + 3)$

풀이 (1)

$$f(x) = -x^2 + x + 1 = -\left(x - \frac{1}{2}\right)^2 + \frac{5}{4} \le \frac{5}{4}$$

$$g(x) = x^2 + x + 3 = \left(x + \frac{1}{2}\right)^2 + \frac{11}{4} \ge \frac{11}{4}$$

여기서, $\frac{5}{4}$와 $\frac{11}{4}$의 중간값, 이를테면 2를 생각해보자. 즉 $y = 2$

라고 하면

$$f(x) \le \frac{5}{4} < 2 = y < \frac{11}{4} \le g(x)$$

따라서 주어진 명제는 참이다.

(2) 주어진 명제의 부정은

$$\exists x \, \forall y : (y \le -x^2 - 4x - 6) \vee (y \ge x^2 + 6x + 3)$$

이다.

$$f(x) = -x^2 - 4x - 6 = -(x+2)^2 - 2$$
$$g(x) = x^2 + 6x + 3 = (x+3)^2 - 6$$

여기서 x의 적당한 값으로써 $x = -2$를 취해보면

$$f(-2) = -2, \; g(-2) = -5$$

명제 $\forall y : (y \le -2) \vee (y \ge -5)$는 참이므로 주어진 명제의 부정은 참이다. 따라서 주어진 명제는 거짓이다. ✺

1.4 연습문제

1. 전체집합은 U에 조건명제 $p(x)$의 진리집합을 P라 할 때 $\sim p(x)$의 진리집합을 구하여라.

2. 조건명제 $x^2 - 1 > 0 \leftrightarrow x^2 + 2x > 0$의 진리집합을 구하여라.

3. $|x| + |y - a| \le 1$이 $x^2 + (y-2)^2 \le 4$의 충분조건이 되도록 a의 범위를 정하여라. 단, x, y, a는 실수이다.

4. 다음 각 명제가 참이 되도록 양수 a의 값의 범위를 정하여라. 단, x, y는 실수이다.

(1) $\left[(x^2+y^2 \le a^2) \rightarrow (x-2)^2+y^2 \le 9\ \right] \wedge \left[(x^2+y^2 \le a^2)\right.$

$\left.\rightarrow (x+2)^2+y^2 \le 9\right]$

(2) $\left[(x^2+y^2 \le a^2) \rightarrow (x-2)^2+y^2 \le 9\right] \vee \left[(x^2+y^2 \le a^2)\right.$

$\left.\rightarrow (x+2)^2+y^2 \le 9\right]$

5. 다음 명제들을 기호를 사용하여 표현하여라.

(1) $x = \dfrac{x}{2}$인 x가 존재한다.

(2) 모든 고양이가 우유를 마신다.

(3) 각 정수 x에 대하여 $x < x+1$이다.

6. 다음 각 문장을 부정하는 문장을 써라.

(1) 모든 개는 짖는다.

(2) 어떤 새는 난다.

(3) 수영을 좋아하는 고양이는 없다.

(4) 수학을 모르는 컴퓨터 과학자는 없다.

1.5 관계(relations)

관계란 수학의 핵심 개념 중의 하나로써 두 집합 사이에 일어날 수 있는 모든 대응을 말한다.

이 절에서는 이와 같은 관계를 비롯하여 동치관계, 분할, 합동 등에 대하여 정의하고 이들에 대한 예를 제시하여 알아보자.

이항관계(binary relations)

집합 A와 B 사이의 이항관계는 $A \times B$의 부분집합 R이다.

$$A \times B = \{(a,\ b) \mid a \in A,\ b \in B\}$$

이므로, 이항관계란 $A \times B$에서 일부 순서쌍을 모은 것이 된다.

A와 B가 같다면 집합 A에 대한 관계로써 관계를 설정한다. 관계 R은 $A \times B$의 부분집합이므로 임의의 R은 여집합 관계 $\overline{R}$를 가진다. 이것은 $A \times B$에 관련된 집합 R의 여집합이다.

예제 1 $A = \{1,\ 2,\ 3\}$이고 $B = \{a,\ b\}$라 하자. A와 B 사이의 몇 개의 관계를 정의하여라.

풀이 A와 B 사이의 몇 개의 관계가 가능하다.

$$R_1 = \{(1,\ a),\ (2,\ b),\ (3,\ a),\ (1,\ b)\}$$
$$R_2 = \{(3,\ a)\}$$
$$R_3 = A \times B$$
$$R_4 = \phi$$

예제 2 $A = \{1,\ 2,\ 3\}$이라 하자. R을 $a \geq b$인 순서쌍 $(a,\ b)$를 구성하는 A에 대한 관계라 하자. R의 원소를 나열하여라.

풀이 $R = \{(3,\ 3),\ (3,\ 2),\ (3,\ 1),\ (2,\ 2),\ (2,\ 1),\ (1,\ 1)\}$

예제 3 $|A| = 4$이고 $|B| = 3$이면 A와 B 사이에는 몇 개의 관계가 가능한지

구하여라.

풀이 $A \times B$에는 12개의 원소가 있으므로 $A \times B$에는 2^{12}개의 부분집합이 있다. 그것은 A와 B 사이의 관계의 수와 같다.

관계의 성질

집합에 대한 관계는 성질에 따라 분류한다. R을 집합 A에 대한 성질이라 하자.

- 모든 $x \in A$에 대하여, $x R x$이면 반사관계(reflexive)라 한다.
- 모든 $x, y \in A$에 대하여, $xRy \Rightarrow y R x$이면 대칭관계(symmetric)라 한다.
- 모든 $x, y, z \in A$에 대하여, xRy and $yRz \Rightarrow x R z$이면 추이관계(transitive)라 한다.

우리에게 익숙한 반사관계의 예는 다음과 같다.

- 멱집합에서 부분집합($\subseteq$)(모든 집합은 그 자신의 부분집합이다.)
- 강좌 중에서 같은 시간에 치루는 학기말 고사들(각 강좌는 자기 자신과 같은 시간에 치러진다.)
- 양의 정수의 집합 중에서 양의 정수로 나누어지는 수(모든 양의 정수는 자신으로 나누어진다.)

대칭관계에 대한 몇 개의 예는 다음과 같다.

- 교실에서 서로 옆자리에 앉는 것(내가 네 옆에 앉으면 너는 내 옆에 앉는 것이다.)
- 같은 쌍의 정수들(x가 y와 같은 쌍(짝수나 홀수)이면 y는 x와 같은 쌍이다.)
- 같은 집합들(집합 A가 집합 B와 같으면 집합 B는 집합 A와 같다.)

추이관계의 두 예는 다음과 같다.

- 멱집합에서 부분집합($\subseteq$)(A가 B의 부분집합이고 B가 C의 부분집합이면 A는 C의 부분집합이다.)
- 선조가 되는 것(A가 B의 선조이고 B가 C의 선조이면 A는 C의 선조이다.)

예제 4 다음의 각 관계가 반사관계, 대칭관계 또는 추이관계인지를 결정하여라.

(1) 공집합 A에 대한 등식($=$)

(2) $\mathbf{Z}$에 대한 관계($<$)

(3) S_3에 대한 관계 $R=\{(1,\ 1),\ (2,\ 3),\ (3,\ 1)\}$

(4) S_3에 대한 공집합 관계 $\varnothing$

(5) 집합$\{a,\ b,\ c,\ d\}$에 관한 관계 $R=\{(a,\ b),\ (c,\ d)\}$

풀이 (1) R을 집합 A에 대한 등호관계라 하자. 그러면 R은 반사관계, 대칭관계 및 추이관계이다. 우선 반사관계를 고려하자. $x\in A$이면 $x=x$이므로 xRx이다. 모든 $x,\ y\in A$에 대하여 $x=y \Rightarrow y=x$이므로 R은 또한 대칭관계이다. 마지막으로 추이관계는 같은 것과 동등한 것은 서로 같다는 사실에 따른다.

(2) R을 $\mathbf{Z}$에 대한 관계($<$)라 하자. 그러면 R은 추이관계이지만 반사관계나 대칭관계는 아니다.

(3) $(2,\ 2)\notin R$이므로 반사관계가 아니다. $(2,\ 3)\in R$이나 $(3,2)\notin R$이므로 대칭관계가 아니다. 마지막으로 $(2,\ 3)\in R$이고 $(3,\ 1)\in R$이지만 $(2,\ 1)\notin R$이므로 추이관계도 아니다. 따라서 세 가지 성질 중 아무것도 갖지 않는다.

(4) $\varnothing$이 S_3에 대한 공집합 관계라 하자. 단순히 $\varnothing$은 아무 관계도 아닌 것 같다. 그러나 대칭성에 대한 조건을 자세히 보자. 다음 함의로 다시 시작될 수 있다.

$$(x,\ y)\in\varnothing \text{ 이면 } (y,\ x)\in\varnothing \text{ 이다.}$$

$(x,\ y)\in\varnothing$은 결코 참이 아니므로 함의는 당연히 참이다. 유사한 추론으로 공집합 관계는 또한 추이관계이다. 그럼에도 불구하고 공집합 관계는 반사관계가 아니다. 반사성의 조건은 함의

$$x \in S_3 \text{이면 } (x, x) \in \varnothing$$

이기 때문이다. 예를 들면, $1 \in S_3$이지만 $(1, 1) \not\in \varnothing$이다.

(5) R은 반사관계도 아니고 대칭관계도 아니다. 그러나 xRy이고 yRx인 $x, y, z \in \{a, b, c, d\}$는 없으므로 추이관계이다. 따라서 추이성에 대한 조건은 그냥 만족한다.

동치관계와 분할(equivalence relations and partitions)

반사관계, 대칭관계 및 추이관계인 관계를 동치관계라 한다. 동치관계는 등호의 추상적인 의미를 갖고 있다. 같은 방법으로 동등한 개체를 생각할 때 우리는 그들을 구별할 수 없는 것으로 취급한다. 그들을 동등하게 만드는 성질들을 나누어 갖는다. 집합 A에 대한 동치관계는 A를 같은 개체들의 그룹으로 자연스럽게 나누게 한다. 그러면 분할의 같은 구획에의 원소들을 같은 것으로 생각할 수 있다. S를 공집합이 아닌 집합이라 하고, R을 S에 대한 동치관계라 하자. 각 $s \in S$에 대하여 R에 관한 x의 동치류를 다음과 같이 정의하며 $[x]$로 표기한다.

$$[x] = \{y \in S : xRy\}$$

예제 5 $S = S_6$라 하자. $x, y \in S$에 대하여 $x - y$가 2로 나누어진다면 xRy라 하자. R이 동치관계임을 보여라. 또한 R에 관한 동치류를 구하여라.

풀이 명백하게 R은 반사관계이다. xRy이면 $x - y$가 2로 나누어지므로 $y - x$도 또한 2로 나눌 수 있다. 그러므로 R은 대칭관계이다. 추이관계를 보이기 위해 xRy이고 yRz라 가정하자. 그러면 $x - y = 2k$이고 $y - x = 2m$인 정수 k와 m이 존재하므로

$$x - z = (x - y) + (y - z) = 2k + 2m = 2(k + m)$$

따라서 R은 추이관계이고 그것은 S에 대한 동치관계이다. 이제 R에 관한 동치류를 구하자.

$$[1] = \{x \in S_6 : x - 1\text{은 2로 나누어진다.}\} = \{1, 3, 5\}$$

$$[2] = \{x \in S_6 : x-2\text{는 } 2\text{로 나누어진다.}\} = \{2,\ 4,\ 6\}$$

이므로 $[1]=[3]=[5]$와 $[2]=[4]=[6]$이다. 따라서 동치관계에 대한 오직 두 개의 서로 다른 동치류가 있다. 집합 $[1]$과 $[2]$는 서로 소이고 공집합이 아니며, $[1] \cup [2] = S_6$이다. 이것은 $[1]$, $[2]$가 S_6의 분할이다. 아래의 정리는 동치관계와 분할 사이에는 관계가 있음을 보여준다.

정리

S가 공집합이 아니고, R은 S에 대한 동치관계라 하자. 그러면 $\{[x] : x \in S\}$는 S의 분할이다. 역으로 주어진 S의 분할 π에 대하여 S에 대한 관계 R_π를 정의할 수 있다.

$$R_\pi = \{(x,\ y) : [x] = [y]\}$$

따라서 R_π는 S에 대한 동치관계이다.

예제 6 $S = \{a,\ b,\ c,\ d,\ e,\ f\}$라 하고 π를 S의 분할이라 하자.

$$\pi = \{\{a,\ b\},\ \{c,\ e,\ f\},\ \{d\}\}$$

위의 정리에 의해 그의 존재성이 보장되는 동치관계 R_π를 구하여라.

풀이 위의 정리에 따르면, $x,\ y \in S$이면 $xR_\pi y$일 필요충분조건은 x와 y가 같은 구획에 속한다는 것이다. 이것을 구획 $\{a,\ b\}$에 적용하면 네 개의 관계가 있는데, 이는 $aR_\pi a$, $aR_\pi b$, $bR_\pi a$와 $bR_\pi b$이다. R_π에서 순서쌍을 모두 나열하면 다음과 같다.

$$\{(a,\ a),\ (a,\ b),\ (b,\ a),\ (b,\ b),\ (c,\ c),\ (c,\ e),\ (c,\ f),$$
$$(e,\ c),\ (e,\ e),\ (e,\ f),\ (f,\ c),\ (f,\ e),\ (f,\ f),\ (d,\ d)\}$$

예제 7 길이가 4인 이진법 수를 A라 하고 A에 대한 관계 R을 다음과 같이 정의하자. $a,\ b \in A$에 대하여 aRb라는 것은 a와 b가 같은 개수의 0을 가짐을 의미한다. R은 동치관계인가?

풀이 명백히 R은 반사관계이고, 대칭관계이다. 왜냐하면 a가 b와 같은 수의 0을 가지고 있다면 b도 a와 같은 수의 0을 갖고 있기 때문이다. 또한 a가 b와 같은 수의 0을 가지고 있고 b가 c와 같은 수의 0을 가지고 있다면 a는 c와 같은 수의 0을 가지고 있으므로 R은 동치관계이다. 4개의 동치류가 있다. 이는 0이 없는, 0이 1개인, 0이 2개인, 0이 3개인, 그리고 0이 4개인 이진수들이다.

1.5 연습문제

1. 대칭관계가 아니거나 추이관계인 반사관계의 예를 들고, 추이관계이고 대칭관계이지만 반사관계는 아닌 관계의 예를 들어라.

2. 반사관계의 성질은 대칭관계와 추이관계의 성질에서 온다는 다음 증명에서 무엇이 잘못되었는가?

R이 대칭관계이고 추이관계라 가정하자. 그러면 대칭성에 의하여 $xRy \Rightarrow yRx$이다. xRy이고 yRx이므로 추이관계 성질에 의해 xRx이다. 따라서 R은 반사관계이다.

3. 다음 관계들이 반사, 대칭, 추이관계인지를 결정하여라.

(1) 남자의 집합에 대한 "...은 ...의 형제다."

(2) 모든 사람들의 집합에 대한 "...은 ...와 생일이 같다."

(3) 양의 정수의 집합에 대한 "...은 ...의 배수이다."

1.6 함수

함수의 개념은 수학의 핵심으로써 두 집합 사이에 대응하는 관계를 나타내고 있다.

이 절에서는 이와 같은 함수를 비롯하여 단사함수, 전사함수, 역함수, 합성함수 등에 대하여 정의하고 이들에 대한 예를 제시하여 알아보자.

함수의 정의

두 집합 X, Y에서 X의 모든 원소 각각에 대하여 Y의 원소가 하나씩 대응할 때, 그 대응관계 f를 X에서 Y로의 함수(function)라고 하며, 이것을 기호로

$$f : X \to Y,\ X \xrightarrow{f} Y$$

와 같이 나타낸다. 이때 집합 X를 함수 f의 정의역(domain), 집합 Y를 함수 f의 공역(codomain)이라 한다. 함수 f에 의해서 A의 원소 x에 대응되는 B의 원소를 y라 하면 이것을 $f : x \mapsto y$ 또는 $y = f(x)$로 나타내고 이 y를 x의 상(image)이라 한다.

예제 1 다음 그림에 그려진 대응관계가 함수인가?

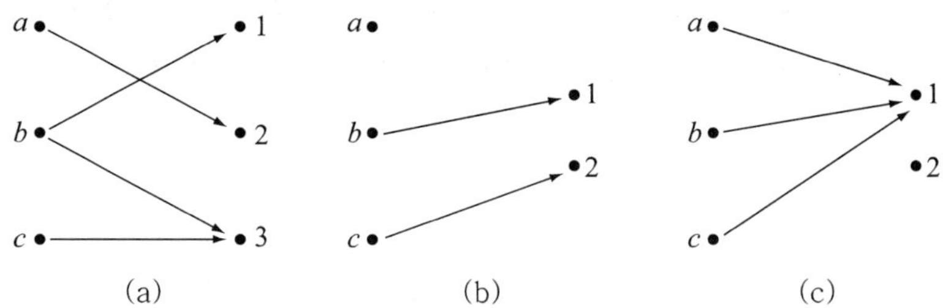

[그림 1.4]

풀이 첫째 조건에 의하면 A의 각 점을 떠나는 화살표가 있어야 한다. 둘째 조건에 의하면 A의 각 점을 떠나는 화살표가 하나 이상 있어서

는 안 된다. (a)의 관계는 첫째 조건을 만족하지만 둘째 조건을 만족하지 않으므로 함수가 아니다. 유사하게 (b)는 둘째 조건을 만족하지만 첫째 조건을 만족하지 않으므로 또한 함수가 아니다. (c)의 관계는 a, b, c로부터 1, 2로의 함수이다. ✺

치역의 정의

함수 $f: X \to Y$에서 X의 모든 원소의 상의 집합(Y의 부분집합)을 $f(X)$로 나타내고, 이것을 f에 의한 X의 상이라 한다. 즉

$$f(X) = \{f(x) \mid x \in X\}$$

이때 $f(X)$를 치역(range)이라 한다.

함수 $f: X \to Y$에서 한 원소 $y \in Y$에 대하여 $f(x) = y$인 원소 $x \in X$ 전체의 집합을 f에 의한 y의 원상(pre-image)이라 하고, 이것을 $f^{-1}(y)$로 나타낸다. 즉

$$f^{-1}(y) = \{x \in X \mid f(x) = y\}$$

이다.

예제 2 집합 $X = \{1, 2, 3\}$의 원소 x에 집합 $Y = \{y \mid 1 \leq y \leq 10$인 자연수$\}$의 원소를 x의 3배수인 수로 대응시키는 함수를 $f(x)$라 할 때, 함수 f의 정의역과 치역을 구하고, $f(a) = 3$, $f(b) = 9$인 a, b를 구하여라.

풀이 $f(x) = 3x$이고 함수 f의 정의역은 집합 $X = \{1, 2, 3\}$이므로 함수 f의 치역은 $f(x) = \{3, 6, 9\}$이다. $f(a) = 3$인 $a = 1$이고 $f(b) = 9$인 $b = 3$이다. ✺

함수의 상등

두 함수 f, g에 대하여 정의역과 공역이 같고, 정의역에 속하는 임의의 원소 x에 대하여 $f(x) = g(x)$일 때, 두 함수 f와 g는 상등하다고 말하고 $f = g$로 나타낸다.

함수의 그래프

함수 $y=f(x)(x\in X)$에 대하여 $y=f(x)$를 만족하는 순서쌍 $(x,\ y)$ 전체의 집합 $G=\{(x,\ y)|x\in X\}$를 함수의 그래프라고 한다.

단사(일대일)함수와 일대일 대응의 정의

1. 단사(일대일)함수와 일대일 대응: 함수 $f:X\to Y$에서
   1) 단사(일대일)함수 : 임의의 $x_1,\ x_2\in X$에 대하여 $x_1\neq x_2$이면 $f(x_1)\neq f(x_2)$가 성립할 때, 즉 $f(x_1)=f(x_2)\Rightarrow x_1=x_2$가 성립할 때 이 함수 f를 단사함수(injective function) 또는 일대일함수(one-one function)라고 한다.
   2) 일대일 대응 : 일대일함수이고 치역과 공역이 같은 함수
2. 항등함수와 상수함수 : 함수 $f:X\to Y$에서
   1) 항등함수 : $X=Y$이고 임의의 $x\in X$에 대하여 $f(x)=x$인 함수이다.
   2) 상수함수 : 치역의 원소가 하나인 함수로 $f(x)=a(a\in Y)$인 함수이다.

예제 3 함수 $f(x)=a|x|+(1-a)x$가 실수의 범위에서 일대일 대응이 되도록 상수 a의 범위를 정하여라.

풀이 주어진 함수 $f(x)$를 $x\geq 0$일 때와 $x<0$일 때를 구분해서 쓰면

$$f(x)=\begin{cases} x & (x\geq 0) \\ (1-2a)x & (x<0) \end{cases}$$

이므로 일대일 대응이 되도록 하려면 $1-2a>0$이면 된다. 따라서 $a<\frac{1}{2}$이다. ☼

예제 4 함수 $f:R\to R$일 때 $f(x)=x^3$은 단사함수임을 증명하여라.

증명 이 문제를 증명하기 위하여 조건문 $x_1\neq x_2\Rightarrow f(x_1)\neq f(x_2)$를 이용하는 방법을 생각해보자. 즉, $f(x)=x^3$이므로 $f(a)=a^3,\ f(b)=b^3$이므로 이 문제를 증명하기 위하여 $a\neq b\Rightarrow a^3\neq b^3$임을 밝히면 된다. 그런데 $a\neq b$에서 $a^3\neq b^3$을 유도하는 방법이 별로 없다. 그러

므로 조건문 $x_1 \neq x_2 \Rightarrow f(x_1) \neq f(x_2)$ 대신에 조건문의 대우명제인 $f(x_1) = f(x_2) \Rightarrow x_1 = x_2$를 사용하여 증명해보자. 즉, $a^3 = b^3 \Rightarrow a = b$임을 밝혀보자.

먼저, $a = b = 0$인 경우는 자명하므로, a, $b \neq 0$이라고 가정하자. 그러면

$$\begin{aligned} a^3 = b^3 &\Rightarrow a^3 - b^3 = 0 \\ &\Rightarrow (a-b)(a^2+ab+b^2) = 0 \Rightarrow a - b = 0 \\ &\Rightarrow a = b \end{aligned}$$

따라서 $f(x) = x^3$은 단사함수이다. 또한 정의역과 공역이 같으므로 이 함수는 일대일 대응이다.

전사함수의 정의

함수 $f : X \rightarrow Y$이고 임의의 $y \in Y$에 대해서 $y = f(x)$가 되는 $x \in X$가 존재할 때, 즉, $f(X) = Y$일 때 이 함수 f를 전사함수(surjective function) 또는 X에서 Y 위로(onto function)의 함수라고 한다.

전사함수를 정의할 때, $y = f(x)$가 되는 $x \in X$가 존재한다는 의미는 함수 f의 치역 $f(X)$와 공역 Y가 같으므로 $f(X) = Y$를 사용하여 정의할 수도 있다.

예제 5 함수 $f : R \rightarrow R^+$일 때, $f(x) = x^2$은 전사함수임을 증명하여라.

증명 이 문제를 증명하기 위하여 임의의 $y \in R^+$에 대해서 $y = x^2$이 되는 $x \in R$이 존재함을 밝히면 된다.

$y = x^2$이면 $x = \pm\sqrt{y}$이므로 $x = \pm\sqrt{y} \in R$이다. 따라서 이 함수는 전사함수이다.

전단사함수의 정의

함수 $f : X \rightarrow Y$가 전사함수이고 단사함수일 때 이 함수를 f를 전단사함수(bijective function) 또는 일대일 대응(one-one correspondence)이라고 한다.

합성함수의 정의

두 함수 $f : X \to Y$, $g : Y \to Z$의 합성함수 $g \circ f$는 다음과 같이 정의한다.

$$g \circ f : X \to Z$$
$$(g \circ f)(x) = g(f(x))$$

일반적으로 $f \circ g \neq g \circ f$임을 알 수 있다.

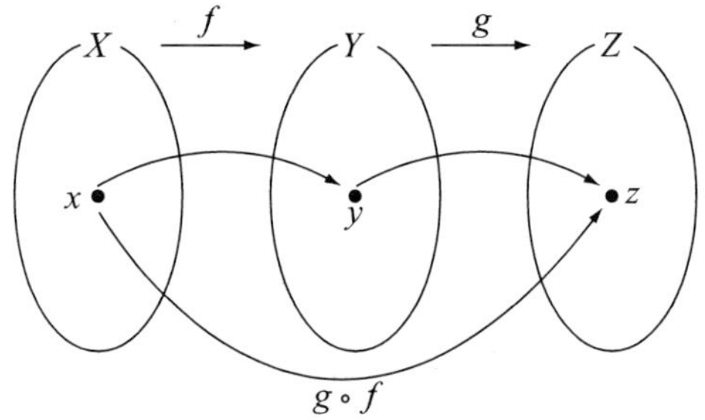

[그림 1.5]

예제 6 두 함수 $f(x) = 3x - 2$, $g(x) = -2x + k$에 대하여 $(f \circ g)(x) = (g \circ f)(x)$가 항상 성립하도록 하는 상수 k의 값을 구하여라.

풀이 $(f \circ g)(x) = f(g(x)) = 3(-2x + k) - 2 = -6x + 3k - 2$이고

$(g \circ f)(x) = g(f(x)) = -2(3x - 2) + k = -6x + 4 + k$이므로 항상

$$(f \circ g)(x) = (g \circ f)(x)$$

이기 위해서는 $-6x + 3k - 2 = -6x + 4 + k$에서 $k = 3$이다.

정리 1

합성함수의 성질 : 세 함수 f, g, h에 대하여

(1) $(f \circ g) \circ h = f \circ (g \circ h)$

(2) $f \circ I = I \circ f = f$ (I는 항등함수)

증명 (1)만 증명하고 나머지는 독자에게 맡긴다.

이 정리를 증명하기 위하여 두 함수 $f \circ (g \circ h)$와 $(f \circ g) \circ h$의 정의역과 공역이 모두 같고, 두 함수에 의한 모든

$x \in A$의 상이 같다는 것을 말하면 된다.

$x \in A$에 대하여

$$[f \circ (g \circ h)](x) = f[(g \circ h](x) = f[g(f(x))]$$
$$[(f \circ g) \circ h](x) = (f \circ g)(h(x)) = f[g(f(x))]$$

따라서 모든 $x \in A$에 대하여

$$[f \circ (g \circ h)](x) = [(f \circ g) \circ h](x)$$

이므로 증명이 된다. ■

정리 2

함수 $f : A \to B,\ g : B \to C$에 대하여

(1) $f,\ g$가 모두 전사함수이면 $g \circ f$도 전사함수이다.

(2) $f,\ g$가 모두 단사함수이면 $g \circ f$도 단사함수이다.

(3) $f,\ g$가 모두 전단사함수이면 $g \circ f$도 전단사함수이다.

증명 (1) 이 정리를 증명하기 위하여 치역과 공역이 같음을 밝히면 된다. 즉, $(g \circ f)(A) = C$임을 밝히면 된다.

가정에서 $B = f(A)$, $C = g(B)$이므로

$$(g \circ f)(A) = g(f(A)) = g(B) = C$$

이다. 따라서 $g \circ f$도 전사함수이다.

(2) 이 정리를 증명하기 위하여 $(g \circ f)(x) = (g \circ f)(y) \Rightarrow x = y$임을 밝히면 된다. $x,\ y \in A$에 대하여 $(g \circ f)(x) = (g \circ f)(y)$라 하자. 이때 $g(f(x)) = g(f(y))$이고 g가 단사함수이므로 $f(x) = f(y)$, 또 f도 단사함수이므로 $x = y$, 따라서 $g \circ f$도 단사함수이다.

(3) (1)과 (2)에서 유도된다. ■

정리 3

함수 $f : A \to B,\ g : B \to C$에 대하여

(1) $g \circ f$가 단사함수이면 f는 단사함수이다.

(2) $g \circ f$가 전사함수이면 g는 전사함수이다.

증명 (1) $x, y \in A$에 대하여 $f(x)=f(y)$라 하자. 이때 $g(f(x))=g(f(y))$, 즉 $(g \circ f)(x)=(g \circ f)(y)$이다. 그런데 $g \circ f$는 단사함수이므로 $x=y$이다. 따라서 f는 단사함수이다.

(2) 이 정리를 증명하기 위하여 $g(f(x))$를 만족시키는 $f(x) \in B$가 존재함을 밝히면 된다.

$g \circ f$는 전사함수이므로 임의의 $z \in C$에 대하여 적당한 $x \in A$가 존재하여 $g(f(x))=z$를 만족시키는 $f(x) \in B$가 존재하므로 g는 전사함수이다. ■

역함수

1. 역함수의 정의 : 함수 $f: X \to Y$가 일대일 대응일 때, Y의 원소 y에 대하여 $f(x)=y$가 되는 $x \in X$를 대응시키는 함수를 f의 역함수라 하고, 다음과 같이 나타낸다.

$$f^{-1}: Y \to X,\ y \to x$$

2. 역함수를 갖기 위한 조건 : 일대일 대응이어야 한다.
3. 역함수 구하는 법 : x와 y를 바꾸어서 y에 대하여 푼다.
4. 역함수의 성질 :

   (1) $f^{-1} \circ f = I$ (2) $(f^{-1})^{-1} = f$

   (3) $(f \circ g)^{-1} = g^{-1} \circ f^{-1}$ (4) $f(a)=b \Leftrightarrow f^{-1}(b)=a$
5. 역함수의 그래프 :

   (1) $y=f(x)$와 $y=f^{-1}(x)$는 직선 $y=x$에 대하여 서로 대칭이다.

   (2) $y=f(x)$와 $y=f^{-1}(x)$, $y=x$의 그래프의 교점은 일치한다.

예제 7 [그림 1.6]의 각 함수가 역이 가능한지를 결정하여라.

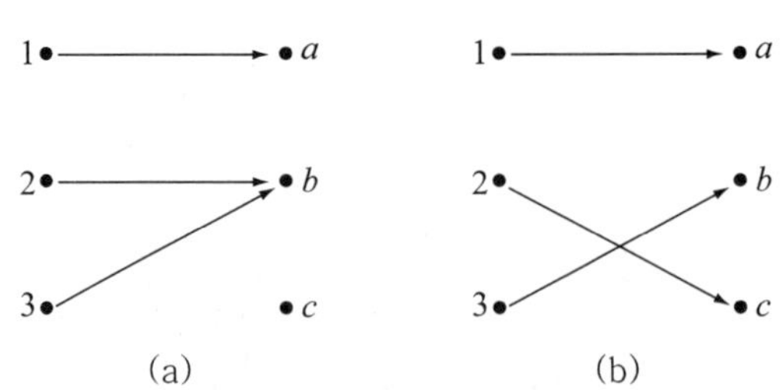

[그림 1.6]

풀이 (a) 역관계는 형태 (c, i), $i \in S_3$의 쌍을 포함하고 있지 않다. 함수 자체가 전사가 아니기 때문이다.

(b) 함수는 단사이고 전사이므로 역관계는 함수이다. 이것은 아래 정리 4에 요약되어 있다.

정리 4

$f : A \to B$를 함수라 하자. 함수 f가 역이 가능할 함수일 필요충분조건은 f는 전단사이다.

증명 생략 ■

[그림 1.7]에 의하면 역함수는 함수임을 암시한다. 이것은 아래 정리 5에 기술되어 있다. 증명은 생략한다.

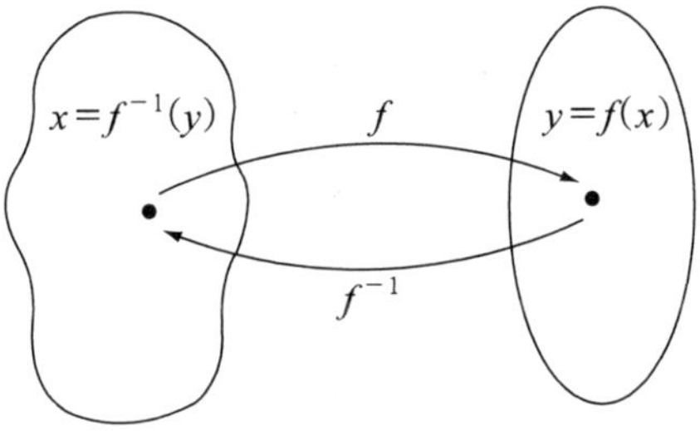

[그림 1.7]

정리 5

$f : A \to B$를 함수라 하자. f가 역이 가능할 필요충분조건은 $f \circ g = i_A$이고 $f \circ g = i_B$인 함수 $g : B \to A$가 존재한다는 것이다. 더구나 g가 존재하면 $g = f^{-1}$이다.

예제 8 1보다 큰 실수 전체의 집합 A에서 A로의 함수 $f(x) = \dfrac{x+1}{x-1}$, $g(x) = \sqrt{2x-1}$에 대하여 $(f \circ (g \circ f)^{-1} \circ f)(3)$의 값을 구하여라.

풀이 우선 $(g \circ f)^{-1} = f^{-1} \circ g^{-1}$를 사용하기 위해 $f^{-1}(x)$, $g^{-1}(x)$를 먼저 구하면 다음과 같다.

$$f^{-1}(x) = \frac{x+1}{x-1},\ g^{-1}(x) = \frac{x^2+1}{2}$$

따라서

$$\begin{aligned}(f \circ (g \circ f)^{-1} \circ f)(3) &= f[f^{-1}\{g^{-1}(f(3))\}] \\ &= f[f^{-1}\{g^{-1}(2)\}] \\ &= f\left[f^{-1}\left(\frac{5}{2}\right)\right] \\ &= \frac{5}{2}\end{aligned}$$

이다.

함수와 기수

함수 $f : A \to B$가 일대일이 되기 위해서는 $|A| \leq |B|$가 성립하여야 하며, 전사함수가 되기 위해서는 $|A| \geq |B|$가 성립함을 암시한다. 집합의 크기와 함수의 성질에 관계된 몇 가지 결과가 있다. 다음 정리는 그와 같은 5개의 결과를 포함한다.

정리 6

A와 B를 유한집합이라 하고 $f : A \to B$를 함수라 하자.

(1) $f(|A|) \leq |A|$이며, 등식이 성립할 필요충분조건은 f가 단사함수이다.

(2) f가 단사함수이면 $|A| \leq |B|$이다.

(3) f가 전사함수이면 $|A| \geq |B|$이다.

(4) f가 전단사함수이면 $|A| = |B|$이다.

(5) 비둘기 집 원리

A와 B를 유한집합이라 하고 $|A| = |B|$라 가정하자. 그러면 f가 단사함수일 필요충분조건은 f가 전사함수이다.

증명 (1) 직관적으로 결과는 명백하지만 자세히 증명하자. $A = \{a_1, a_2, \cdots, a_n\}$이 되도록 $|A| = k$라 하자. 각 i에 대하여, $|f(a_i)| = 1$이므로

$$|f(A)| = \left|\bigcup_{i=1}^{k}\{f(a_i\}\right| \le \sum_{i=1}^{k}|\{f(a_i\}| = k$$

따라서 일반적으로 부등식은 성립한다. $f(A) = k$이기 위해서는 $i \ne j$에 대해서 $f(a_i) \ne f(a_j)$이어야 한다. 그러나 이 조건은 정확히 f가 단사임을 말한다.

(2) 이 성질은 (1)과 $f(A) \subseteq B$라는 사실에서 온다. 따라서 f가 단사일 때

$$|A| = |f(A)| \le |B|$$

(3) 이 성질은 (1)과 f가 전사일 때 $f(A) = B$라는 사실에서 온다. 따라서

$$|B| = |f(A)| \le |A|$$

(4) 이 성질은 (3)과 (4)의 결과이다.

(5) 비둘기 집 원리는 두 부분 "f가 단사함수이면 f가 전사함수이고 f가 전사함수이면 f가 단사함수이다."로 증명한다. f가 단사함수라고 가정하자. 그러면 $|A| = |f(A)| = |B|$이다. 유한집합 B의 부분집합이 집합 B와 같은 수의 원소를 갖는 유일한 방법은 부분집합이 B와 같은 경우이다. 이 경우에 그것은 $|f(A)| = |B|$이므로 f가 전사함수이다. 역은 이 정리의 (1)을 적용하여 증명할 수 있다. ■

1.6 연습문제

[1-4] 다음 관계가 함수인지를 결정하여라. 또한 함수인 관계들의 정의, 공역과 치역을 구하여라.

1. $\{(1, a), (1, b), (2, c), (3, b)\}$

2. $\{(a,\ a),\ (b,\ b),\ (c,\ c)\}$

3. $\{(x,\ y):\ x,\ y$는 실수이고 $y-x=1\}$

4. $\{(x,\ y):\ x,\ y$는 양의 정수이고 $y-x=1\}$

2

수학의 흥미로운 토픽들

2.1 정수에서의 합동식

이 절에서는 정수 전체의 집합 위에서 합동관계를 정의하고, 법 m에 관한 잉여류와 완전잉여계에 대하여 알아본다.

이를 위하여 먼저 1장에서 다룬 바 있는 동치관계와 동치류에 대하여 간단히 알아보자.

동치관계의 정의

집합 A 위에서 정의된 관계 ~가 다음 세 조건을 만족시킬 때, 이 관계를 A 위의 동치관계(Equivalence relation)라고 한다.

(1) 반사율 $a \sim a$

(2) 대칭율 $a \sim b$이면 $b \sim a$

(3) 추이율 $a \sim b$ 이고 $b \sim c$이면 $a \sim c$

집합 A 위에 동치관계 ~가 정의되어 있을 때, A의 두 원소 a, b에 대하여 $a \sim b$인 경우에 a와 b는 동치(equivalent)라 하고, a와 동치인 원소 전체의 집합을 a에 의하여 결정되는 동치류(equivalence class)라고 한다. 즉, a에 의하여 결정되는 동치류 $\bar{a}$는 다음과 같다.

$$\bar{a} = \{x \in A | a \sim x\} = \{x \in A | x \sim a\}$$

집합 A 위에 동치관계 ~가 정의되어 있을 때, 임의의 $a, b \in A$에 대하여, 다음 중 단 하나만이 성립한다.

(1) $\bar{a} \cap \bar{b} = \varnothing$

(2) $\bar{a} = \bar{b}$

이제 합동에 대하여 알아보자. 합동의 개념은 수학의 황제라고 불리는 독일의 수학자 가우스(K. F. Gauss, 1777~1855)가 19세기 초에 도입한 것으로서 정수론에서 아주 유용한 개념이다.

합동

양의 정수 m에 대하여 두 정수 a, b의 차가 m의 배수일 때, 즉 $m|(a-b)$일 때

$$a \equiv b \pmod{m}$$

으로 나타내고 "a는 법(modulus) m에 관하여 b와 합동이다."라고 한다. 그리고 합동기호 $\equiv$가 들어 있는 식을 합동식(congruence)이라고 한다.

위의 정의로부터

$$a \equiv b \pmod{m} \iff m|(a-b) \iff a-b=mk \in m\mathbf{Z}$$

분명히 $a \equiv 0 \pmod{m}$은 a가 m의 배수임을 뜻한다. 한편, $a \equiv b \pmod{m}$이 아닌 경우, $a \not\equiv b \pmod{m}$으로 나타낸다.

예제 1 위의 정의에 의하여 다음이 성립한다.

$$4 \equiv 8 \pmod{4}, \quad 5 \equiv -1 \pmod{6}, \quad 12 \equiv 0 \pmod{3}$$
$$a \equiv -a \pmod{2}, \quad 1 \not\equiv -1 \pmod{3}, \quad 6 \not\equiv 2 \pmod{5}$$

동치관계

합동식은 동치관계이다.

증명 합동식이 동치관계임을 증명하려면 다음 세 가지를 보이면 된다.

(1) $a \equiv a \pmod{m}$

(2) $a \equiv b \pmod{m}$이면 $b \equiv a \pmod{m}$이다.

(3) $a \equiv b \pmod{m}$이고 $b \equiv c \pmod{m}$이면 $a \equiv c \pmod{m}$이다.

먼저 $m|(a-a)=0$이므로 $a \equiv a \pmod{m}$이다.

$a \equiv b \pmod{m}$이면 $a-b=km$ $(k \in Z)$이다. 이때, $b-a=(-k)m\,(-k \in \mathbf{Z})$이므로 $b \equiv a \pmod{m}$

마지막으로 $a \equiv b \pmod{m}$, $b \equiv c \pmod{m}$이면 $m|(a-b)$, $m|(b-c)$이다. 따라서 $a-c=(a-b)+(b-c)$이다. 따라서

$m|(a-c)$이다. 그러므로 $a \equiv c \pmod{m}$이다. ■

합동식의 성질 I

$a \equiv b \pmod{m}$, $c \equiv d \pmod{m}$일 때

(1) $a+c \equiv b+d \pmod{m}$, $a-c \equiv b-d \pmod{m}$

(2) $ac \equiv bd \pmod{m}$

증명 가정에 의하여 $m|(a-b)$, $m|(c-d)$이다. 한편,

$$(a \pm c)-(b \pm d)=(a-b) \pm (c-d),$$
$$ac-bd=(a-b)c+(c-d)b$$

이므로 $m|(a \pm c)-(b \pm d)$, $m|(ac-bd)$이다. 따라서

$$a+c \equiv b+d \pmod{m},$$

$$a-c \equiv b-d \pmod{m},$$

$$ac \equiv bd \pmod{m}$$ ■

위의 정리로부터 다음의 정리도 얻을 수 있다.

합동식의 성질 II

$a \equiv b \pmod{m}$일 때

(1) 임의의 정수 c에 대하여

$$a+c \equiv b+c \pmod{m}, \; ac \equiv bc \pmod{m}$$

(2) 임의의 양의 정수 n에 대하여 $a^n \equiv b^n \pmod{m}$

(3) 모든 $i=1, 2, \ldots, n$에 대하여 $a_i \equiv b_i \pmod{m}$일 때

$$\sum_{i=1}^{n} \equiv \sum_{i=1}^{n} b_i \pmod{m}, \; \prod_{i=1}^{n} a_i \equiv \prod_{i=1}^{n} b_i \pmod{m}$$

예제 2 $11 \equiv 4 \pmod{m}$, $9 \equiv 2 \pmod{m}$이므로 위의 정리로부터 다음을 알 수 있다.

$$11+9 \equiv 20 \equiv 4+2 \equiv 6 \pmod{7}$$

$$11 - 9 \equiv 2 \equiv 4 - 2 \pmod 7$$

$$11 \cdot 9 \equiv 99 \equiv 4 \cdot 2 \equiv 1 \pmod 7$$

다음 정리는 임의의 정수가 다른 정수의 배수인지 아닌지를 판별하는 데 매우 유용한 정리이다.

정수 계수를 가지는 다항식

정수를 계수로 가지는 다항식

$$f(x) \equiv a_0 + a_1x + \cdots + a_nx^n,\ g(x) = b_0 + b_1x + \cdots + b_nx^n$$

에 대하여 $a_i \equiv b_i \pmod m$일 때,

$$a \equiv b \pmod m \Rightarrow f(a) \equiv g(b) \pmod m$$

특히,

$$a \equiv b \pmod m \Rightarrow f(a) = f(b) \pmod m$$

증명 $a \equiv b \pmod m$이면, 모든 $i = 1,\ 2,\ \cdots,\ n$에 대하여

$$a^i \equiv b^i \pmod m,\ a_ia^i \equiv b_ib^i \pmod m$$

이므로

$$f(a) = \sum_{i=0}^{n} a_ia^i \equiv \sum_{i=0}^{n} b_ib^i \equiv g(b) \pmod m$$

■

예제 3 $2^{24} \cdot 14^{18} - 1$은 13의 배수임을 보여라.

풀이 $2^4 \equiv 3 \pmod{13}$이므로 합동식의 성질에 의하여

$$2^8 \equiv 9 \pmod{13},$$

$$2^{16} \equiv 9^2 \equiv 81 \equiv 3 \pmod{13},$$

$$2^{24} \equiv 2^8 \cdot 2^{16} \equiv 9 \cdot 3 \equiv 1 \pmod{13}$$

이다. 또한 $14 \equiv 1 \pmod{13}$이므로 $14^{18} \equiv 1^{18} \equiv 1 \pmod{13}$이다. 따라서

$$2^{24} \cdot 14^{18} \equiv 1 \cdot 1 = 1 \pmod{13}$$

$13 | (2^{24} \cdot 14^{18} - 1)$이므로 $2^{24} \cdot 14^{18} - 1$은 13의 배수이다.

예제 4 $10 \equiv 1 \pmod 3$, $10 \equiv 1 \pmod 9$, $10 \equiv -1 \pmod{11}$이므로

$$a \equiv a_n 10^n + \cdot s + a_1 10 + a_0,\ 0 \le a_i \le 9$$

일 때, 다음이 성립한다.

$$\begin{aligned} a &\equiv a_0 + a_1 + \cdots + a_n \pmod 3, \\ a &\equiv a_0 + a_1 + \cdots + a_n \pmod 9, \\ a &\equiv a_0 - a_1 + \cdots + (-1)^n a_n \pmod{11} \end{aligned}$$

예를 들면,

$$\begin{aligned} 470632 &\equiv 4+7+0+6+3+2 \equiv 22 \equiv 1 \pmod 3, \\ 470632 &\equiv 4+7+0+6+3+2 \equiv 22 \equiv 4 \pmod 9, \\ 470632 &\equiv 4-7+0-6+3-2 \equiv -8 \equiv 3 \pmod{11} \end{aligned}$$

따라서 470632를 3, 9, 11로 나누었을 때의 나머지는 각각 1, 4, 3 이다.

정수 $a(0 \le a \le m-1)$에 대하여

$$\bar{a} = \{x \in \mathbf{Z} \mid x \equiv a \pmod m\} = \{a + mk \mid k \in \mathbf{Z}\}$$

로 나타내자. 이때 집합 $\bar{a}$를 "a를 포함하는 법 m에 관한 잉여류 (congruence classes module m)"이라고 한다. 또한 법 m에 관한 모든 잉여류의 집합을 $\overline{Z_m}$로 나타낸다. 즉,

$$\overline{Z_m} = \{\bar{0}, \bar{1}, \cdots, \overline{m}\}$$

예제 5 법 4에 관하여 다음이 성립한다.

$$\ldots \equiv -8 \equiv -4 \equiv 0 \equiv 4 \equiv 8 \equiv \ldots \pmod 4$$

$$\ldots \equiv -7 \equiv -3 \equiv 1 \equiv 5 \equiv 9 \equiv \ldots \pmod 4$$
$$\ldots \equiv -6 \equiv -2 \equiv 2 \equiv 6 \equiv 10 \equiv \ldots \pmod 4$$
$$\ldots \equiv -5 \equiv -1 \equiv 3 \equiv 7 \equiv 11 \equiv \ldots \pmod 4$$

따라서 법 4에 관한 잉여류는 다음과 같고 $\overline{Z_4} = \{\bar{0}, \bar{1}, \bar{2}, \bar{3}\}$ 이다. 또한

$$\bar{0} = \{x \in \mathbf{Z} \mid x \equiv 0 \pmod 4\}$$
$$\bar{1} = \{x \in \mathbf{Z} \mid x \equiv 1 \pmod 4\}$$
$$\bar{2} = \{x \in \mathbf{Z} \mid x \equiv 2 \pmod 4\}$$
$$\bar{3} = \{x \in \mathbf{Z} \mid x \equiv 3 \pmod 4\}$$

최소 양의 잉여계

집합 $\mathbf{Z}$의 법 m에 관한 합동관계에 대하여

$$\{\overline{x_0}, \overline{x_1}, \cdots, \overline{x_{m-1}}\} = \overline{Z_m} = \{\bar{0}, \bar{1}, \cdots, \overline{m-1}\}$$

일 때, 집합

$$S = \{x_0, x_1, \cdots, x_{m-1}\}$$

을 법 m에 관한 완전잉여계라 하고, x_i를 잉여류 $\overline{x_i}$의 대표원이라고 한다. 특히, 법 m에 관한 완전잉여계인 $Z_m = \{0, 1, \cdots, m-1\}$을 법 m에 관한 최소 양의 잉여계(complete residue system)라고 한다.

다음 집합은 모두 법 6에 관한 완전잉여계이다.

$$Z_6 = \{0, 1, 2, 3, 4, 5\}, \{12, -5, 20, -9, 4, 41\},$$
$$\{-2, -1, 0, 1, 2, 3\}$$

정수를 계수로 가지는 다항식

$$f(x) = a_n x^n + a_{n-1} x^{n-1} + \cdots + a_1 x + a_0 \text{ 에서 } a_n \not\equiv 0 \pmod m$$

일 때, 미지수 x에 관한 합동식

$$f(x) \equiv a_n x^n + a_{n-1}x^{n-1} + \cdots + a_1 x + a_0 \equiv 0 \pmod{m}$$

을 미지수 x에 관한 n차 합동식(congruence of degree n)이라고 한다.

예제 6 합동식 $20x^4 - 10x^3 + 6x^2 + 5x + 11 \equiv 0 \pmod{5}$에서

$$20 \equiv 0 \pmod{5},\ -10 \equiv 0 \pmod{5},\ 6 \equiv 1 \pmod{5},$$
$$5 \equiv 0 \pmod{5},\ 11 \equiv 1 \pmod{5}$$

이므로 주어진 합동식은 $x^2 + 1 \equiv 0 \pmod{5}$이다. 따라서 주어진 합동식은 이차합동식이다. 또한,

$$f(0) \equiv 1 \pmod{5},\ f(1) \equiv 2 \pmod{5},\ f(2) \equiv 0 \pmod{5},$$
$$f(3) \equiv 0 \pmod{5},\ f(4) \equiv 2 \pmod{5}$$

따라서 $x \equiv 2 \pmod{5}$와 $x = 3 \pmod{5}$가 합동식 $x^2 + 1 \equiv 0 \pmod{5}$의 해이다.

일반적으로 정수를 계수로 갖는 다항식 $f(x)$와 정수 a에 대하여 $x = a$가 합동식 $f(x) \equiv 0 \pmod{m}$의 해일 때, $c \equiv a \pmod{m}$이면 합동식의 성질에 의하여 $f(c) \equiv 0 \pmod{m}$이다. 즉, a와 합동인 모든 수는 합동식 $f(x) \equiv 0 \pmod{m}$의 해가 된다. 따라서 합동식 $f(x) \equiv 0 \pmod{m}$의 해는 법 m에 관한 최소 양의 잉여계 $\{0,\ 1,\ 2,\ \cdots,\ m-1\}$에서만 생각해도 충분하다.

이제 일차합동식 $ax \equiv b \pmod{m}$의 해를 구하는 방법에 대하여 알아보자.

예를 들어, 일차합동식 $2x + 2 \equiv 0 \pmod{4}$는

$$2 \cdot 0 + 2 \not\equiv 0 \pmod{4},\ 2 \cdot 1 + 2 \equiv 0 \pmod{4}$$
$$2 \cdot 2 + 2 \not\equiv 0 \pmod{4},\ 2 \cdot 3 + 2 \equiv 0 \pmod{4}$$

이므로 서로 다른 두 개의 해를 갖는다. 즉, 일차방정식과는 달리 일차합동식은 여러 개의 해를 가질 수 있다. 그러나 다음 정리는 일차합동식의 해가 언제 한 개인지 알려준다.

일차합동식의 해의 유일성

일차합동식

$$ax \equiv b \pmod{m},\ (a,\ m) = 1$$

은 단 한 개의 해를 가진다.

증명 $(a, m) = 1$이므로 $as + bt = 1$인 정수 s, t가 존재한다. 이때 $a(sb) + m(tb) = b$ 이므로 $a(sb) \equiv b \pmod{m}$이다.

따라서 $x = sb \pmod{m}$은 주어진 합동식의 해이다.

$x \equiv x_1 \pmod{m}$, $x \equiv x_2 \pmod{m}$이 주어진 합동식의 해이면

$$ax_1 \equiv b \equiv ax_2 \pmod{m},\ (a,\ m) = 1$$

이므로 $x_1 \equiv x_2 \pmod{m}$이다. 그러므로 주어진 합동식은 단 하나의 해를 갖는다. ■

위의 정리로부터 $(a, m) = 1$인 경우 $ax \equiv 1 \pmod{m}$을 만족하는 정수 a^{-1}을 법 m에 관한 a의 역원이라고 한다. $(a, m) = 1$일 때, a의 역원 a^{-1}을 알면 일차합동식 $ax \equiv b \pmod{m}$의 해를 쉽게 구할 수 있다. 즉, $ax \equiv b \pmod{m}$의 양변에 a^{-1}을 곱하면 $a^{-1}ax \equiv x \equiv a^{-1}b \pmod{m}$과 같이 해를 구할 수 있다.

예제 7 일차합동식 $7x \equiv 8 \pmod{23}$의 해를 구하여라.

풀이 $(7, 23) = 1$이므로 위의 정리에 의하여 유일한 해를 갖는다. 그런데 $7 \cdot 7^{-1} \equiv 1 \pmod{23}$이므로 법 23에 관한 7의 역원 7^{-1}을 구하면 $7 \cdot 10 \equiv 70 \equiv 1 \pmod{23}$이다. 즉, $7^{-1} \equiv 10 \pmod{23}$이다. 따라서 합동식의 해는 $x \equiv 10 \cdot 8 \equiv 80 \equiv 11 \pmod{23}$을 얻는다. ✺

이제 일반적인 일차합동식의 해를 구해보자.

일차합동식의 해

일차합동식

$$ax \equiv b \pmod{m},\ a \not\equiv 0 \pmod{m}$$

에서 $d=(a,\ m)$일 때, 이 합동식이 해를 갖기 위한 필요충분조건은 $d|b$이다. 또한, $d|b$인 경우에 $x \equiv x_0 \pmod{m}$을 이 합동식의 한 특수해라고 하면 이 합동식은 다음과 같은 d개의 해를 가진다.

$$x \equiv x_0 + \frac{m}{d}t \pmod{m},\ t=0,\ 1,\ 2,\ \cdots,\ d-1$$

증명 $ax \equiv b \pmod{m}$이 해 $x \equiv c \pmod{m}$을 가진다면 $ac \equiv b \pmod{m}$이고, $ac+mk=b$인 정수 k가 존재한다. 따라서 $d|a,\ d|m$이므로 $d|b$이다.

역으로 $d|b$라 가정하면

$$ax \equiv b \pmod{m} \Leftrightarrow \frac{a}{d}x \equiv \frac{b}{d} \left(\mathrm{mod}\ \frac{m}{d}\right)$$

이고 $\left(\frac{a}{d},\ \frac{m}{d}\right)=1$이다. 따라서

$$\frac{a}{d}x \equiv \frac{b}{d} \left(\mathrm{mod}\ \frac{m}{d}\right)$$

은 유일한 해 $x \equiv x_0 \left(\mathrm{mod}\ \frac{m}{d}\right)$을 갖는다. 그러면 다음이 성립한다.

$$\begin{aligned}
&x \equiv x_0 \left(\mathrm{mod}\ \frac{m}{d}\right)\\
&\Leftrightarrow x = x_0 + \frac{m}{d}k\ \ (k \in \mathbf{Z})\\
&\Leftrightarrow x = x_0 + \frac{m}{d}(dq+t)\ (q \in \mathbf{Z},\ 0 \le t \le d-1)\\
&\Leftrightarrow x = x_0 + mq + \frac{m}{d}t\ (q \in \mathbf{Z},\ 0 \le t \le d-1)\\
&\Leftrightarrow x \equiv x_0 + \frac{m}{d}t\ \pmod{m}\ (0 \le t \le d-1)
\end{aligned}$$

한편,

$$x_0 + \frac{m}{d}t_1 \equiv x_0 + \frac{m}{d}t_2 \pmod{m} \ (0 \le t_1 < t_2 \le d-1)$$

$$\Leftrightarrow \frac{m}{d}t_1 \equiv \frac{m}{d}t_2 \pmod{m}$$

$$\Leftrightarrow d \mid (t_2 - t_1)$$

그러나 $0 < t_2 - t_1 < d$ 이므로 모순이 되어

$$x \equiv x_0 + \frac{m}{d}t \pmod{m} \ (t = 0,\ 1,\ 2,\ \cdots,\ d-1)$$

은 주어진 합동식의 서로 다른 D 개의 해가 된다. ■

예제 8 일차합동식 $9x \equiv 6 \pmod{15}$ 의 해를 구하여라.

풀이 $(9,\ 15) = 3$ 이고, $3|6$ 이므로 위의 정리에 의하여 주어진 합동식은 세 개의 해를 가진다. 또한 $9 \cdot 4 \equiv 36 \equiv 6 \pmod{15}$ 이므로 한 특수해는 $x \equiv 4 \pmod{15}$ 이다. 따라서 주어진 합동식의 해는

$$x \equiv 4 + \frac{15}{3}t = 4 + 5t \pmod{15} \ (t = 0,\ 1,\ 2)$$

이다. 즉, $x \equiv 4,\ 9,\ 14 \pmod{15}$ 이다.

2.1 연습문제

1. 2^{21} 을 7로 나누었을 때의 나머지를 구하여라.

2. $2^{29} - 1$ 을 233으로 나누었을 때의 나머지를 구하여라.

3. 다음 합동식이 성립하는 정수 $m(m \ge 2)$ 의 값을 모두 구하여라.

(1) $5 \equiv 1 \pmod{m}$

(2) $3 \equiv 33 \pmod{m}$

(3) $4 \equiv 1 \pmod{m}$

(4) 소수 p에 대하여 $p^2 \equiv 0 \pmod{m}$

4. 3^{2004}를 11로 나누었을 때의 나머지를 구하여라.

5. 다음 중에서 법 4에 관한 완전잉여계를 찾아라.

(1) $\{-1, 5, 8, 14\}$ (2) $\{101, 102, 103, 104\}$

(3) $\{0, 2, 4, 8\}$ (4) $\{-3, 15, 24, 42\}$

6. 법 m에 관한 잉여류 $\bar{a}$에 대하여 $(a, m)=1$일 때, 잉여계 $\bar{a}$를 법 m에 관한 기약잉여계라고 한다. 또, 법 m에 관한 기약잉여계 전체의 집합을 $\overline{Z_m^*}$로 나타낸다. 즉,

$$\overline{Z_m} = \{\bar{a} \mid a \in Z\} = \{\bar{0}, \bar{1}, \cdots, \overline{m-1}\}$$

$$\overline{Z_m^*} = \{\bar{a} \in \overline{Z_m} \mid (a, m) = 1\}$$

이때, $m=2, 3, 4, 5, 6, 7, 8, 9, 10$에 대하여 기약잉여계를 각각 구하여라.

7. 다음 주어진 일차합동식의 해를 구하여라.

(1) $4x \equiv 5 \pmod{7}$ (2) $8x \equiv 13 \pmod{20}$

(3) $9x \equiv 2 \pmod{6}$ (4) $16x \equiv 8 \pmod{12}$

(5) $11x \equiv 2 \pmod{40}$ (6) $4x \equiv 37 \pmod{30}$

2.2 가우스소거법

이 절에서는 자연과학이나 사회과학에서 제기되는 다양한 문제들에 대한 수학적 모델링으로 연립일차방정식이 만들어지는 과정과 연립일차방정식을 풀이하는 방법을 다룬다. 연립일차방정식은 여러 가지 방법으로 풀이할 수 있지만 행렬을 이용하면 매우 편리하다. 그래서 이 절에서는 먼저 행렬을 정의하고 행렬의 연산에 대하여 알아본다. 그리고 행렬을 이용하여 연립일차방정식의 해를 구하는 방법을 소개하고, 행렬과 연립일차방정식의 해 사이의 관계를 살펴본다.

2.2.1 연립일차방정식

방정식이란 미지수를 포함하는 등식을 말한다. 예를 들면 미지수 x, y에 대한 등식

$$2x+3y-1=0 \tag{1}$$

$$x^2+\ y^2=1 \tag{2}$$

등이 방정식이다. 일차방정식(linear equation)이란 각 미지수의 차수가 1인 방정식을 말한다. 방정식의 해란 주어진 미지수에 등식을 만족시키는 미지수의 값들을 뜻한다. 식 (1)의 한 해는 $x=-1$, $y=1$이고, 식 (2)의 한 해는 $x=\frac{1}{\sqrt{2}}$, $y=-\frac{1}{\sqrt{2}}$이다. 주어진 방정식의 모든 해들의 모임을 해집합(solution set)이라 부르고, 방정식을 푼다(solving equation)라는 것은 방정식의 해집합을 구한다는 것이다.

일반적으로 미지수 x_1, x_2, ..., x_n에 관한 일차방정식(linear equation)은 b와 계수a_1, a_2 ,..., a_n이 실수일 때, 다음과 같은 꼴로 나타내어지는 방정식이다.

$$a_1x_1\ +\ a_2x_2\ +\ \cdots\ +\ a_nx_n\ =b$$

일반적으로, 미지수 $x_1, x_2, \ldots, x_n$에 관한 유한개의 일차방정식의 모임

$$\begin{aligned} a_{11}x_1 + a_{12}x_2 + \cdots + a_{1n}x_n &= b_1 \\ a_{21}x_1 + a_{22}x_2 + \cdots + a_{2n}x_n &= b_2 \\ \vdots \qquad \vdots \qquad\qquad \vdots \\ a_{m1}x_1 + a_{m2}x_2 + \cdots + a_{mn}x_n &= b_m \end{aligned}$$

을 연립일차방정식(system of linear equations)이라고 한다.

연립일차방정식의 n개의 미지수 $x_1, x_2, \ldots, x_n$을 포함하는 일차연립방정식의 해(solution)는 실수 $t_1, t_2, \ldots, t_n$ 로서 $x_1 = t_1$, $x_2 = t_2$, $\ldots$, $x_n = t_n$을 대입하면 일차연립방정식의 모든 식을 만족하는 수를 뜻한다. 연립일차방정식의 해 전체의 집합을 연립일차방정식의 해집합(solution set)이라 하며, 동일한 해집합을 가지는 두 연립일차방정식을 동치(equivalent)라고 한다.

이제 예제를 통하여 가장 단순한 형태의 일차방정식의 해집합을 살펴보고 이를 일반화하여 연립일차방정식의 해집합을 생각해보자.

예제 1 다음 일차방정식의 해집합을 구하라.

(1) $7x - 5y = -1$

(2) $6x - 8y + 10z = 3$

풀이 (1) 미지수가 두 개이므로 한 개의 미지수에 대하여 풀면

$$\begin{aligned} 7x &= 5y - 1 \\ x &= \frac{5}{7}y - \frac{1}{7} \end{aligned}$$

이다. 위의 식이 의미하는 것은 y가 임의로 선택되어지면 그에 대응하여 x가 결정되는 것을 뜻한다. 즉, 만일 $y = 1$이라 선택하면 $x = \frac{4}{7}$이 결정되는 것이다. 그러므로 해집합은 $y = t$를 임의

의 실수로 선택하면 $x=\frac{5}{7}t-\frac{1}{7}$이 되는 것이다. 이를 집합으로 나타내면

$$\left\{(x,\ y) \mid x=\frac{5}{7}t-\frac{1}{7},\ y=t,\ t\in R\right\}$$

로 표시하면 된다.

(2) 미지수가 세 개이므로 한 개의 미지수를 나머지 미지수에 대하여 풀면

$$\begin{aligned} 6x &= 3+8y-10z \\ x &= \frac{1}{2}+\frac{4}{3}y+\frac{5}{3}z \end{aligned}$$

이다. 위의 식이 의미하는 것은 y, z가 임의로 선택되어지면 그에 대응하여 x가 결정되는 것을 뜻한다. 즉, 만일 $y=1,\ z=-1$이라 선택하면 $x=\frac{1}{6}$이 결정되는 것이다. 그러므로 해집합은 $y=t,\ z=s$를 임의의 실수로 선택하면 $x=\frac{1}{2}+\frac{4}{3}t+\frac{5}{3}s$이 되는 것이다. 이를 집합으로 나타내면

$$\left\{(x,y,z) \mid x=\frac{1}{2}+\frac{4}{3}t+\frac{5}{3}s,\ y=t,\ z=s,\ t,s\in R\right\}$$

로 표시하면 된다.

위의 예제의 풀이에서 보듯이 (1)번인 경우 y변수는 임의의 실수로 선택할 수 있으므로 이러한 변수를 자유변수(free variables)라 하고, 마찬가지방법으로 (2)번인 경우 변수 $y,\ z$를 자유변수라고 부른다.

이제 이 절의 주요 테마인 연립일차방정식의 해집합에 대한 논의를 해보자. 다음은 연립일차방정식의 예들이다.

$$\begin{aligned} x_1+x_2 &= 3 \qquad & 4x_1-x_2+3x_3 &= -1 \\ x_1-x_2 &= 1 \qquad & 3x_1+x_2+9x_3 &= -4 \end{aligned}$$

$$\begin{array}{ll} x + y + 2z = 9 & x + 2y - 3z = 4 \\ 2x + 4y - 3z = 1 & x + 3y + z = 11 \\ 3x + 6y - 5z = 0 & 2x + 5y - 4z = 13 \\ & 2x + 6y + 2z = 22 \end{array}$$

위에서 보듯이 일차연립방정식은 다양한 형태의 식의 개수와 미지수들의 개수를 가질 수 있다. 즉, 식의 개수가 미지수의 개수보다 적거나, 같거나 혹은 많을 수도 있다.

이제 연립일차방정식의 해집합의 형태에 대하여 살펴보자.
먼저 연립일차방정식

$$x - y = -1$$
$$3x + y = 9$$

의 해집합은 각 일차방정식이 평면에서 직선의 방정식이므로 아래 그림에서 보듯이 평면에서 두 직선의 교점임을 알 수 있다.

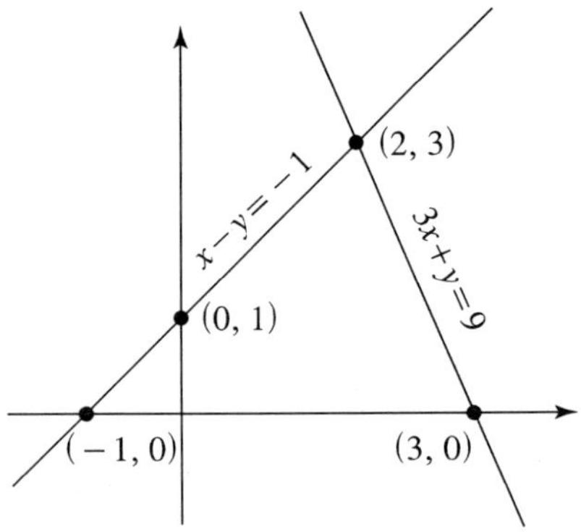

[그림 2.1]

그러나 연립일차방정식

$$3x + 2y = 12$$
$$3x + 2y = 6$$

의 해집합은 평행한 두 직선이므로 교점이 없다. 즉 해가 없는 경우이다.

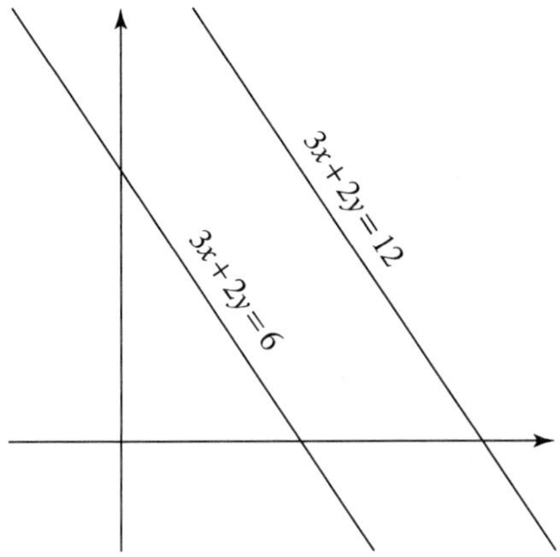

[그림 2.2]

마지막으로 연립일차방정식

$$\begin{aligned} x+\ \ y&=2 \\ 3x+3y&=6 \end{aligned}$$

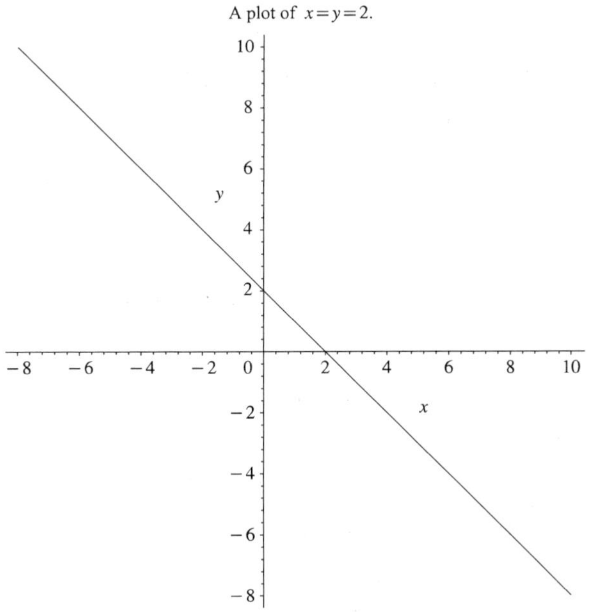

[그림 2.3]

은 두 직선이 같은 직선을 뜻하므로 직선 위의 모든 점들이 해집합이 된다.

이상을 정리해보면 식의 수가 2개, 미지수의 수가 2개인 일차연립방정식의 해집합은 다음과 같이 분류할 수 있다.

(1) 해가 없다.

(2) 해가 한 개만 있다.

(3) 해가 무한이 많다.

2.2.1 연습문제

1. 다음 방정식이 일차방정식인지 아닌지를 결정하고 그 이유를 설명하시오.

(1) $x+5y-\sqrt{2}z=1$ (2) $x+3y+xz=2$

(3) $x=-7y+3z$ (4) $x^{-2}+y+8z=5$

2. 다음을 해집합으로 갖는 연립일차방정식을 하나 만드시오.

(1) $x=5+2t, y=t\ (t\in R)$

(2) $x=t, y=\frac{1}{2}t-\frac{5}{2}\ (t\in R)$

3. 다음 연립일차방정식의 해를 그래프를 이용하여 구하시오.

(1) $x+y=3, y-x=5$

(2) $x+3y=1, 4x-y=3$

(3) $3x+y=3, x+2y=1$

4. 다음 연립일차방정식의 해를 구하시오.

(1) $$\begin{aligned} x+3y+6z&=25\\ 2x+7y+14z&=58\\ 2y+5z&=19 \end{aligned}$$

(2) $$\begin{aligned} x-y+2z&=5\\ 2x-2y+4z&=10\\ 3x-3y+6z&=15 \end{aligned}$$

2.2.2 연립일차방정식과 행렬

정의 1 행렬(matrix), 정사각행렬(square matrix)

실수(또는 복소수)를 다음과 같이 직사각형 모양으로 배열한 것을 행렬이라 하며, 그 각각의 수를 행렬의 성분(entry)이라고 한다.

$$A = \begin{bmatrix} a_{11} & a_{12} & \cdots\cdots & a_{1n} \\ a_{21} & a_{22} & \cdots\cdots & a_{2n} \\ \vdots & \vdots & & \vdots \\ a_{m1} & a_{m2} & \cdots\cdots & a_{mn} \end{bmatrix} \tag{1}$$

행렬 A 에서

$$[a_{i1} \quad a_{i2} \quad \cdots\cdots \quad a_{in}], \quad (1 \le i \le m)$$

을 A의 i행(i th row of A) 또는 i번째 행벡터(row vector)라 하고,

$$\begin{bmatrix} a_{1j} \\ a_{2j} \\ \vdots \\ \vdots \\ a_{mj} \end{bmatrix}, \quad (1 \le j \le n)$$

을 A의 j 열(jth column of A) 또는 j번째 열벡터(column vector)이라고 한다. 또, m개의 행과 n개의 열을 갖는 행렬 A를 크기(size)가 $m \times n$인 행렬이라 하며, 특히 $m=n$이면 n차의 정사각행렬 (square matrix)이라고 한다.

행렬 A의 성분 a_{ij}는 A의 $(i,\ j)$성분이라고 한다. n차의 정사각행렬 A의 성분 $a_{11},\ a_{22}, \ldots,\ a_{nn}$을 주대각선성분(main diagonal entries)이라고 한다. 행렬 (1)은 $(i,\ j)$ 성분을 써서 다음과 같이 간단히 나타내기도 한다.

$$A = [a_{ij}]_{m \times n} \text{ 또는 } A = [a_{ij}]$$

예제 1 다음 행렬

$$A=\begin{bmatrix} 3 & 2 & -1 \\ -1 & 3 & 0 \end{bmatrix},\quad B=\begin{bmatrix} 1 & 2 \\ 0 & -3 \end{bmatrix},\quad C=\begin{bmatrix} -3 \\ -1 \\ 3 \end{bmatrix}$$

$$D=\begin{bmatrix} 1 & 1 & -3 \\ 2 & 0 & 1 \\ 5 & -1 & 2 \end{bmatrix},\quad E=[\,5\,],\quad F=[\,1 \quad -2 \quad 3\,]$$

에서 A는 2×3 행렬이고, $a_{13}=-1$, $a_{22}=3$이다. 또, B는 2×2 행렬이고, $b_{11}=1$, $b_{22}=-3$ 이며 C, D, E, F는 각각 3×1, 3×3, 1×1, 1×3 행렬이다. D의 주대각선성분은 각각 $d_{11}=1$, $d_{22}=0$, $d_{33}=2$이며, E와 같은 1×1 행렬은 흔히 $E=[2]=2$로 쓴다. ◎

정의 2 대각행렬(diagonal matrix), 스칼라행렬(scalar matrix)

정사각행렬 A의 주대각선성분 이외의 모든 성분이 0일 때, A를 **대각행렬**이라고 하며 주대각선성분이 a_{11}, a_{22}, ..., a_{nn}인 대각행렬 A를 $\mathrm{diag}(a_{11}, a_{22}, ..., a_{nn})$ 으로 나타내기도 한다. 특히, 주대각선성분이 모두 같은 대각행렬을 **스칼라행렬**이라고 한다.

$$A=\mathrm{diag}(a_{11}, a_{22}, ..., a_{nn})=\begin{bmatrix} a_{11} & 0 & \cdots & 0 \\ 0 & a_{22} & \cdots & 0 \\ \vdots & \vdots & \ddots & \vdots \\ 0 & 0 & \cdots & a_{nn} \end{bmatrix}$$

예제 2 다음은 모두 대각행렬이다. 특히, I와 J는 스칼라행렬이다.

$$G=\begin{bmatrix} -2 & 0 \\ 0 & 1 \end{bmatrix},\quad H=\begin{bmatrix} 3 & 0 & 0 \\ 0 & -2 & 0 \\ 0 & 0 & 1 \end{bmatrix}$$

$$I=\begin{bmatrix} 1 & 0 & 0 \\ 0 & 1 & 0 \\ 0 & 0 & 1 \end{bmatrix},\quad J=\begin{bmatrix} 3 & 0 \\ 0 & 3 \end{bmatrix}$$

또, $G=\mathrm{diag}(-2,-1)$, $H=\mathrm{diag}(3, -2, 1)$, $I=\mathrm{diag}(1, 1, 1)$, $J=\mathrm{diag}(2, 2)$와 같이 나타낼 수 있다. ◎

정의 3 행렬의 상등(equal)

두 행렬 $A=[a_{ij}]_{m\times n}$, $B=[b_{ij}]_{m\times n}$가 모든 i, j에 대하여 $a_{ij}=b_{ij}$를 만족하면 서로 같다고 하고 $A=B$로 나타낸다.

예제 3 두 행렬

$$A=\begin{bmatrix}1 & 2 & -1\\ 2 & -3 & 4\\ 0 & -4 & 5\end{bmatrix} \qquad B=\begin{bmatrix}1 & 2 & w\\ 2 & x & 4\\ y & -4 & z\end{bmatrix}$$

가 $A=B$이기 위한 필요충분조건은 다음과 같다.

$$w=-1, \quad x=-3, \quad y=0, \quad z=5$$

정의 4 행렬의 합(sum)과 스칼라배(scalar multiple)

두 행렬 $A=[a_{ij}]_{m\times n}$, $B=[b_{ij}]_{m\times n}$와 실수 k에 대하여 A와 B의 합 $A+B$와 A의 스칼라배 kA를 다음과 같이 정의한다.

$$A+B=[a_{ij}+b_{ij}]_{m\times n}, \; kA=[ka_{ij}]_{m\times n}$$

예제 4 행렬

$$A=\begin{bmatrix}1 & 2 & -4\\ -2 & 1 & 3\end{bmatrix}, \; B=\begin{bmatrix}0 & 1 & 4\\ -1 & 3 & 1\end{bmatrix}, \; C=\begin{bmatrix}1 & 1\\ 2 & 2\end{bmatrix}$$

일 때,

$$A+B=\begin{bmatrix}1+0 & 2+1 & -4+4\\ -2-1 & 1+3 & 3+1\end{bmatrix}=\begin{bmatrix}1 & 3 & 0\\ -3 & 4 & 4\end{bmatrix}$$

이다. 그러나 A와 C, B와 C는 크기가 다르므로 더할 수 없다. 또,

$$2A=\begin{bmatrix}2 & 4 & -8\\ -4 & 2 & 6\end{bmatrix}, \; (-1)\mathrm{B}=\begin{bmatrix}0 & -1 & -4\\ 1 & -3 & -1\end{bmatrix}$$

이다.

참고 일반적으로 $(-1)B$는 간단히 $-B$로 쓴다.

정의 5 행렬의 곱(product)

두 행렬 $A=[a_{ij}]_{m\times p}$, $B=[b_{ij}]_{p\times n}$ 에 대하여 A와 B의 곱 AB를 다음과 같이 정의한다.

$$AB=[c_{ij}]_{m\times n}$$

여기서,

$$\begin{aligned} c_{ij} &= a_{i1}b_{1j}+a_{i2}b_{2j}+\cdots\cdots+a_{ip}b_{pj} \\ &= \sum_{k=1}^{p} a_{ik}b_{kj}\,(1\le i\le m, 1\le j\le n) \end{aligned}$$

위의 정의에서 AB의 $(i,\ j)$성분은 A의 i행에 있는 각 성분에 B의 j열에 있는 성분을 차례로 곱하여 모두 더한 것임을 의미한다. 따라서 A와 B의 곱은 A의 열의 개수와 B의 행의 개수가 같을 때에만 정의된다. 즉,

$$AB=\begin{bmatrix} a_{11} & a_{12} & \cdots & a_{1p} \\ \vdots & \vdots & \cdots & \vdots \\ a_{i1} & a_{i2} & \cdots & a_{ip} \\ \vdots & \vdots & \cdots & \vdots \\ a_{m1} & a_{m2} & \cdots & a_{mp} \end{bmatrix}\begin{bmatrix} b_{11} & \cdots & b_{1j} & \cdots & b_{1n} \\ b_{21} & \cdots & b_{2j} & \cdots & b_{2n} \\ \vdots & & \vdots & & \vdots \\ b_{p1} & \cdots & b_{pj} & \cdots & b_{pn} \end{bmatrix}$$

$$=\begin{bmatrix} c_{11} & c_{12} & \cdots & c_{1n} \\ \vdots & \vdots & c_{ij} & \vdots \\ c_{m1} & c_{m2} & \cdots & c_{mn} \end{bmatrix}$$

예제 5 두 행렬

$$A=\begin{bmatrix} 1 & 2 & -1 \\ 3 & 1 & 0 \end{bmatrix},\ B=\begin{bmatrix} -2 & 1 \\ 0 & -3 \\ 2 & 1 \end{bmatrix}$$

의 곱을 구하여라.

풀이 행렬의 곱의 성질에 의하여

$$AB = \begin{bmatrix} 1 & 2 & -1 \\ 3 & 1 & 0 \end{bmatrix} \begin{bmatrix} -2 & 1 \\ 0 & -3 \\ 2 & 1 \end{bmatrix}$$
$$= \begin{bmatrix} (1)(-2)+(2)(0)+(-1)(2) & (1)(1)+(2)(-3)+(-1)(1) \\ (3)(-2)+(1)(0)+(0)(2) & (3)(1)+(1)(-3)+(0)(1) \end{bmatrix}$$
$$= \begin{bmatrix} -4 & -6 \\ -6 & 0 \end{bmatrix}$$

이제 n개의 미지수를 갖는 m개의 일차방정식으로 이루어진 연립일차방정식을 생각하자.

$$\begin{aligned} a_{11}x_1 + a_{12}x_2 + \cdots + a_{1n}x_n &= b_1 \\ a_{21}x_1 + a_{22}x_2 + \cdots + a_{2n}x_n &= b_2 \\ \vdots \qquad \vdots \quad \vdots \quad \vdots \qquad & \\ a_{m1}x_1 + a_{m2}x_2 + \cdots + a_{mn}x_n &= b_m \end{aligned} \tag{2}$$

$$A = \begin{bmatrix} a_{11} & a_{12} & \cdots & a_{1n} \\ a_{21} & a_{22} & \cdots & a_{2n} \\ \vdots & \vdots & & \vdots \\ a_{m1} & a_{m2} & \cdots & a_{mn} \end{bmatrix}, \quad \mathbf{x} = \begin{bmatrix} x_1 \\ x_2 \\ \vdots \\ \vdots \\ x_n \end{bmatrix}, \quad \mathbf{b} = \begin{bmatrix} b_1 \\ b_2 \\ \vdots \\ \vdots \\ b_m \end{bmatrix}$$

우리는 이미 위의 일차연립방정식에서 해를 결정하는데 필요한 요소는 미지수의 모양은 필요 없고 각 미지수에 붙어있는 계수들과 그 계수들의 위치 및 우변의 상수항만이 필요함을 알고 있다. A와 같이 계수들로만 이루어진 수들의 직사각배열은 계수행렬(coefficient matrix)이라 부른다. 계수와 그들의 위치정보 및 상수항을 아래와 같이 수를 직사각형 모양으로 배열하고 이것을 주어진 일차연립방정식의 첨가행렬(augmented matrix)이라 부른다.

$$[A : \mathbf{b}] = \begin{bmatrix} a_{11} & a_{12} & \cdots & a_{1n} & \vdots & b_1 \\ a_{21} & a_{22} & \cdots & a_{2n} & \vdots & b_2 \\ \vdots & \vdots & & \vdots & \vdots & \vdots \\ a_{m1} & a_{m2} & \cdots & a_{mn} & \vdots & b_m \end{bmatrix}$$

예제 6 다음 연립일차방정식을 행렬의 곱을 이용하여 나타내라. 또 연립일차방정식의 첨가행렬을 구하라.

$$\begin{aligned} x+3y+4z&=5 \\ -2x \qquad\quad -\ z&=6 \\ 3x+2y-\ z&=3 \end{aligned}$$

풀이 $A=\begin{bmatrix} 1 & 3 & 4 \\ -2 & 0 & -1 \\ 3 & 2 & -1 \end{bmatrix},\quad \mathbf{x}=\begin{bmatrix} x \\ y \\ z \end{bmatrix},\quad \mathbf{b}=\begin{bmatrix} 5 \\ 6 \\ 3 \end{bmatrix}$

이라 할 때, $A\mathbf{x}=\mathbf{b}$이다. 그리고 첨가행렬은

$$[A\ \vdots\ \mathbf{b}]=\begin{bmatrix} 1 & 3 & 4 & \vdots & 5 \\ -2 & 0 & -1 & \vdots & 6 \\ 3 & 2 & -1 & \vdots & 3 \end{bmatrix}$$

이다.

2.2.2 연습문제

[1-2] 다음 연립일차방정식에 대하여 다음 물음에 답하여라.

(1) 계수행렬을 구하여라.

(2) 연립 일차방정식을 행렬의 곱을 이용하여 나타내어라.

(3) 첨가행렬을 구하여라.

1.
$$\begin{aligned} x_1+3x_2-x_3&=1 \\ 2x_1+5x_2+x_3&=5 \\ x_1+\ x_2+x_3&=3 \end{aligned}$$

2.
$$\begin{aligned} 2x \qquad\qquad\quad +\ w&=7 \\ 2x+3y-4z+3w&=3 \\ x \qquad +3z \qquad\quad &=5 \end{aligned}$$

3. 첨가행렬이 다음과 같은 연립일차방정식을 구하라(단, 미지수는 x_1, $\cdots$, x_n으로 놓아라.)

$$\left[\begin{array}{cccc:c} 1 & 1 & 3 & -3 & 0 \\ 0 & 2 & 1 & -3 & 3 \\ 1 & 0 & 2 & -1 & -1 \end{array}\right]$$

4. 두 행렬

$$A=\begin{bmatrix} a+b & c-d \\ c+d & a-b \end{bmatrix},\ B=\begin{bmatrix} 3 & 5 \\ 6 & 5 \end{bmatrix}$$

가 $A=B$이기 위한 a, b, c, d를 구하여라.

[5-8] 행렬

$$A=\begin{bmatrix} 1 & 2 & 3 \\ -2 & 1 & 0 \end{bmatrix},\ B=\begin{bmatrix} 1 & 0 \\ -2 & 1 \\ 3 & 2 \end{bmatrix},\quad C=\begin{bmatrix} -3 & -1 & 2 \\ 4 & 0 & 5 \\ 2 & 1 & 3 \end{bmatrix}+$$

$$D=\begin{bmatrix} 1 & -2 \\ 3 & 4 \end{bmatrix},\quad E=\begin{bmatrix} 1 & -4 & 5 \\ 0 & 1 & 6 \\ 3 & 2 & 1 \end{bmatrix},\ F=\begin{bmatrix} -4 & 5 \\ 2 & 3 \end{bmatrix}$$

에 대하여, 다음 중 계산 가능한 것만을 계산하라.

5. $C+E$ 6.$3(2A)$, $6A$ 7.$2D-3F$ 8.AB, BA

[9-10] 행렬

$$A=\begin{bmatrix} 1 & 2 \\ 0 & -1 \end{bmatrix},\ B=\begin{bmatrix} x & y \\ z & w \end{bmatrix},\ C=\begin{bmatrix} 1 & -1 \\ -1 & -2 \end{bmatrix}$$

에 대하여 다음 물음에 답하여라.

9. $A+B=C$일 때, x, y, z, w를 구하여라.

10. $AB=C$일 때, x, y, z, w를 구하여라.

2.2.3 연립방정식의 해법

연립방정식의 일반적인 해법을 살펴보자. 우리는 해집합이 같은 두 연립방정식은 동치라고 정의했다. 그리고 연립방정식에 대응하는 계수행렬과 첨가행렬을 각각 정의했다. 먼저 연립방정식에 해집합을 변화시키지 않는 몇 가지 유형의 식 연산을 수행하여보자.

(a) 기본 식 연산

① 두 식을 교환한다.

$$\begin{aligned} x+\ y+2z&=9 \\ 2x+4y-3z&=1 \\ 3x+6y-5z&=0 \end{aligned} \qquad \begin{aligned} x+\ y+2z&=9 \\ 3x+6y-5z&=0 \\ 2x+4y-3z&=1 \end{aligned}$$

② 한 식에 영 아닌 상수를 양변에 곱한다.

$$\begin{aligned} x+\ y+\ 2z&=9 \\ 2y-\ 7z&=-17 \\ 3y-11z&=-27 \end{aligned} \qquad \begin{aligned} x+\ y+\ 2z&=9 \\ y-\frac{7}{2}z&=-\frac{17}{2} \\ 3y-11z&=-27 \end{aligned}$$

③ 한 식에 영 아닌 상수를 곱하여 다른 식에 더한다.

$$\begin{aligned} x+\ y+2z&=9 \\ 2x+4y-3z&=1 \\ 3x+6y-5z&=0 \end{aligned} \qquad \begin{aligned} x+\ y+2z&=9 \\ 2y-7z&=-17 \\ 3x+6y-5z&=0 \end{aligned}$$

이제 각각의 일차연립방정식에 대응하는 첨가행렬을 생각해보자. 위의 3가지 유형의 기본 식 연산은 첨가행렬을 다음과 같이 변화시키며 이를 기본 행 연산이라고 부른다.

(b) 기본 행 연산

① 두 행을 교환한다. (E_{ij})

② 한 행에 영 아닌 상수를 양변에 곱한다. ($E_i(c)$)

③ 한 행에 영 아닌 상수를 곱하여 다른 행에 더한다. ($E_{ij}(c)$)

이제 일차연립방정식의 해법을 알아보자.

아래의 왼쪽은 연립방정식을 푸는 과정이고, 오른쪽은 이에 따른 이 연립방정식의 첨가행렬의 변화를 나타낸 것이다.

$$\begin{aligned} x+\ y+2z&=9 \\ 2x+4y-3z&=1 \\ 3x+6y-5z&=0 \end{aligned} \qquad \begin{bmatrix} 1 & 1 & 2 & 9 \\ 2 & 4 & -3 & 1 \\ 3 & 6 & -5 & 0 \end{bmatrix}$$

첫째 식을 -2배하여
둘째 식에 더한다.

$$\begin{aligned} x+\ y+2z&=9 \\ 2y-7z&=-17 \\ 3x+6y-5z&=0 \end{aligned} \qquad \xrightarrow{E_{12}(-2)} \begin{bmatrix} 1 & 1 & 2 & 9 \\ 0 & 2 & -7 & -17 \\ 3 & 6 & -5 & 0 \end{bmatrix}$$

첫째 식을 –3배하여
셋째 식에서 더한다.

$$\begin{aligned} x+\ y+\ 2z&=9 \\ 2y-\ 7z&=-17 \\ 3y-11z&=-27 \end{aligned} \qquad \xrightarrow{E_{13}(-3)} \begin{bmatrix} 1 & 1 & 2 & 9 \\ 0 & 2 & -7 & -17 \\ 0 & 3 & -11 & -27 \end{bmatrix}$$

둘째 식에 1/2을 곱하면

$$\begin{aligned} x+\ y+\ 2z&=9 \\ y-\frac{7}{2}z&=-\frac{17}{2} \\ 3y-11z&=-27 \end{aligned} \qquad \xrightarrow{E_2\left(\frac{1}{2}\right)} \begin{bmatrix} 1 & 1 & 2 & 9 \\ 0 & 1 & -\frac{7}{2} & -\frac{17}{2} \\ 0 & 3 & -11 & -27 \end{bmatrix}$$

둘째 식을 -3배하여
셋째 식에 더하면

$$\begin{aligned} x+y+\ 2z&=9 \\ y-\frac{7}{2}z&=-\frac{17}{2} \\ -\frac{1}{2}z&=-\frac{3}{2} \end{aligned} \qquad \xrightarrow{E_{23}(-3)} \begin{bmatrix} 1 & 1 & 2 & 9 \\ 0 & 1 & -\frac{7}{2} & -\frac{17}{2} \\ 0 & 0 & -\frac{1}{2} & -\frac{3}{2} \end{bmatrix}$$

셋째 식에 -2를 곱하면

$$\begin{aligned} x+y+\ 2z &= 9 \\ y-\frac{7}{2}z &= -\frac{17}{2} \\ z &= 3 \end{aligned} \quad \xrightarrow{E_3(-2)} \quad \begin{bmatrix} 1 & 1 & 2 & 9 \\ 0 & 1 & -\frac{7}{2} & -\frac{17}{2} \\ 0 & 0 & 1 & 3 \end{bmatrix}$$

따라서

$$\begin{aligned} z &= 3 \\ y &= \frac{7}{2}z-\frac{17}{2}=2 \\ x &= 9-y-2z=1 \end{aligned}$$

즉, 구하는 연립방정식의 해는

$$x = 1,\ y = 2,\ z = 3$$

위의 예제에서 일차연립방정식과 첨가행렬 사이의 관계에서 알 수 있듯이, 일차연립방정식에서는 미지수의 개수가 적은 방정식일수록 밑으로 내려 계산하는 것이 편리하며, 그 때의 첨가행렬도 영이 많은 행일수록 밑에 위치한다. 이와 같은 행렬은 영을 제외한 나머지 부분이 사다리꼴 모양을 하고 있다는 것을 알 수 있다.

정의 6 행사다리꼴(REF)과 기약행사다리꼴(RREF)

$m \times n$행렬 E가 다음 성질을 만족할 때, **행사다리꼴**(Row Echelon Form)이라고 한다.

(i) 성분이 모두 0인 행이 존재하면 그 행은 행렬의 맨 아래에 위치한다.

(ii) 각 행에서 처음으로 나타나는 0이 아닌 성분은 1이다. 이때, 이 1을 그 행의 **선행성분**(leading entry)이라고 한다.

(iii) i행과 $(i+1)$행 모두에 선행성분이 존재하면 $(i+1)$행의 선행성분은 i행의 선행성분보다 오른쪽에 위치한다.

$$\begin{pmatrix} \circledast & * & * & * & * & * & * & * \\ 0 & 0 & \circledast & * & * & * & * & * \\ 0 & 0 & 0 & \circledast & * & * & * & * \\ 0 & 0 & 0 & 0 & 0 & 0 & \circledast & * \\ 0 & 0 & 0 & 0 & 0 & 0 & 0 & 0 \\ 0 & 0 & 0 & 0 & 0 & 0 & 0 & 0 \end{pmatrix}$$

또, 행렬 E가 행사다리꼴이고 다음 성질을 만족하면 E를 기약 행 **사다리꼴**(Reduced Row Echelon Form)이라고 한다.

(ⅳ) 어떤 행의 선행성분을 포함하는 열의 다른 성분은 모두 0이다.

$$\begin{pmatrix} \textcircled{1} & * & 0 & 0 & * & * & 0 & * \\ 0 & 0 & \textcircled{1} & 0 & * & * & 0 & * \\ 0 & 0 & 0 & \textcircled{1} & * & * & 0 & * \\ 0 & 0 & 0 & 0 & 0 & 0 & \textcircled{1} & * \\ 0 & 0 & 0 & 0 & 0 & 0 & 0 & 0 \\ 0 & 0 & 0 & 0 & 0 & 0 & 0 & 0 \end{pmatrix}.$$

앞으로 행 사다리꼴은 간단히 REF로, 기약 행 사다리꼴은 RREF로 나타내기로 한다.

예제 7 다음 행렬 중 REF 또는 RREF를 찾아라.

$$A=\begin{bmatrix} 1 & 5 & 3 & -4 \\ 0 & 1 & -9 & 7 \\ 0 & 0 & 1 & -1 \end{bmatrix},\ B=\begin{bmatrix} 1 & -2 & 3 \\ 0 & 1 & -4 \\ 0 & 0 & 1 \end{bmatrix},\ C=\begin{bmatrix} 1 & 0 & 0 & 3 \\ 0 & 1 & 0 & 4 \\ 0 & 0 & 1 & 1 \end{bmatrix}$$

$$D=\begin{bmatrix} 1 & 5 & 3 & -2 \\ 0 & 0 & 0 & 0 \\ 0 & 0 & 1 & -3 \end{bmatrix},\ E=\begin{bmatrix} 1 & 2 & -3 & 4 \\ 0 & 2 & -2 & 5 \\ 0 & 0 & 1 & -2 \end{bmatrix},\ F=\begin{bmatrix} 1 & 0 & 0 \\ 0 & 1 & 0 \\ 0 & 0 & 1 \end{bmatrix},$$

$$G=\begin{bmatrix} 1 & 0 & 3 & 4 \\ 0 & 1 & -2 & 5 \\ 0 & 1 & 2 & -2 \\ 0 & 0 & 0 & 0 \end{bmatrix},\ H=\begin{bmatrix} 0 & 0 & 0 \\ 0 & 0 & 0 \end{bmatrix}$$

풀이 행렬 D, E, G는 각각 위 정의의 성질 (ⅰ), (ⅱ), (ⅲ)을 만족하지 않으므로 REF가 아니다. A, B는 REF이고, C, F, H는 RREF이다.

이제, 주어진 행렬을 기약 행 사다리꼴로 변형하는 방법을 살펴보자.

1단계 성분이 모두는 0이 아닌 가장 좌측열을 찾는다.

2단계 단계 1에서 찾은 열의 가장 위에 있는 성분이 0일 때에는 그 열의 위에서부터 처음으로 0이 아닌 성분을 포함하는 행과 1행을 교환한다. 이를 A_1이라 하자.

3단계 A_1의 1행의 첫 번째 성분을 1로 만들기 위하여 A_1의 1행을 첫째 성분으로 나눈다. 이를 A_2라 하자.

4단계 A_2의 1행의 첫 번째 성분 1을 이용하여 기본 행 영산 $E_{1j}(c)$을 사용하여 아래 성분을 모두 영으로 만든다. 이를 A_3라 하자.

5단계 A_3의 1행을 제외한 나머지를 B라 하고 단계 1에서 단계 4를 반복한다.

6단계 REF에서 각 행의 첫 번째 1위의 모든 성분을 0으로 만든다.

위의 과정을 예제를 통하여 살펴보자.

예제 8 다음 행렬 A의 REF와 RREF를 구하라.

$$A = \begin{bmatrix} 1 & 1 & 1 & 4 & 4 \\ 2 & 3 & 4 & 9 & 16 \\ -2 & 0 & 3 & -7 & 11 \end{bmatrix}$$

풀이 1단계: 성분이 모두는 0이 아닌 가장 좌측열을 찾는다.

2단계: 단계 1에서 찾은 열의 가장 위에 있는 성분이 0일 때에는 그 열의 위에서부터 처음으로 0이 아닌 성분을 포함하는 행과 1행을 교환한다. 이를 A_1이라 하자.

3단계: A_1의 1행의 첫 번째 성분을 1로 만들기 위하여 A_1의 1행을 첫째 성분으로 나눈다. 이를 A_2라 하자.

$$A_2 = \begin{bmatrix} ① & 1 & 1 & 4 & 4 \\ 2 & 3 & 4 & 9 & 16 \\ -2 & 0 & 3 & -7 & 11 \end{bmatrix}$$

4단계: A_2의 1행의 첫 번째 성분 1을 이용하여 기본 행 영산 $E_{1j}(c)$을 사용하여 아래 성분을 모두 영으로 만든다. 이를 A_3라 하자.

5단계: A_3의 1행을 제외한 나머지를 B라 하고 단계 1에서 단계 4를 반복한다.

$$\begin{bmatrix} 1 & 1 & 1 & 4 & 4 \\ 2 & 3 & 4 & 9 & 16 \\ -2 & 0 & 3 & -7 & 11 \end{bmatrix} \xrightarrow{E_{12}(-2)} \begin{bmatrix} 1 & 1 & 1 & 4 & 4 \\ 0 & 1 & 2 & 1 & 8 \\ -2 & 0 & 3 & -7 & 11 \end{bmatrix}$$

$$\xrightarrow{E_{13}(2)} \begin{bmatrix} 1 & 1 & 1 & 4 & 4 \\ 0 & 1 & 2 & 1 & 8 \\ 0 & 2 & 5 & 1 & 19 \end{bmatrix} \xrightarrow{E_{23}(-2)} \begin{bmatrix} 1 & 1 & 1 & 4 & 4 \\ 0 & 1 & 2 & 1 & 8 \\ 0 & 0 & 1 & -1 & 3 \end{bmatrix}$$

$$= REF(A)$$

이제 RREF(A)를 계산해보자.

6단계: REF에서 각 행의 첫 번째 1위의 모든 성분을 0으로 만든다.

$$REF(A) \xrightarrow{E_{21}(-1)} \begin{bmatrix} 1 & 0 & -1 & 3 & -4 \\ 0 & 1 & 2 & 1 & 8 \\ 0 & 0 & 1 & -1 & 3 \end{bmatrix} \xrightarrow{E_{32}(-2)} \begin{bmatrix} 1 & 0 & -1 & 3 & -4 \\ 0 & 1 & 0 & 3 & 2 \\ 0 & 0 & 1 & -1 & 3 \end{bmatrix}$$

$$\xrightarrow{E_{31}(1)} \begin{bmatrix} 1 & 0 & 0 & 2 & -1 \\ 0 & 1 & 0 & 3 & 2 \\ 0 & 0 & 1 & -1 & 3 \end{bmatrix} = RREF(A)$$

기본행연산을 이용하여 일반적인 일차연립방정식의 해집합을 구하여 보자. 위의 기본식연산 또는 기본행연산에 의하여 변형된 두 연립방정식은 해집합이 같으므로 이들 두 연립방정식을 행동치(row equivalent)라 부른다.

행렬 $A = \begin{bmatrix} 1 & 1 & 1 & 4 & 4 \\ 2 & 3 & 4 & 9 & 16 \\ -2 & 0 & 3 & -7 & 11 \end{bmatrix}$를 첨가행렬로 가지는 일차연립방정식은

$$\begin{aligned} x + y + z + 4w &= 4 \\ 2x + 3y + 4z + 9w &= 16 \\ -2x \quad\quad + 3z - 7w &= 11 \end{aligned}$$

으로 식이 3개이고 미지수가 4개인 일차연립방정식이다. 이 연립방

정식의 첨가행렬을 행사다리꼴 행렬 REF(A)로 고치면

$$REF(A) = \begin{bmatrix} 1 & 1 & 1 & 4 & 4 \\ 0 & 1 & 2 & 1 & 8 \\ 0 & 0 & 1 & -1 & 3 \end{bmatrix}$$

이므로 이에 대응하는 일차연립방정식은

$$\begin{aligned} x + y + \ \ z + 4w &= 4 \\ y + 2z + \ \ w &= 8 \\ z - \ \ w &= 3 \end{aligned}$$

이다. 따라서 해는 $t \in R$에 대하여 $w = t$라 하면 $z = 3 + w = 3 + t$ 이고 이를 두 번째 식에 대입하면 $y = 8 - 2z - w = 2 - 3t$, 마지막으로 지금까지의 w, z, y값을 첫 번째 식에 대입하면 $x = 4 - y - z - 4w = -1 - 2t$이다. 그러므로 주어진 일차 연립방정식의 해는 다음과 같다.

$$\begin{bmatrix} x \\ y \\ z \\ w \end{bmatrix} = \begin{bmatrix} -1 - 2t \\ 2 - 3t \\ 3 + \ t \\ t \end{bmatrix} (t \in R)$$

이다. ◎

이와 같이 일차연립방정식의 첨가행렬을 기본 행 연산을 시행하여 행 사다리꼴 행렬로 변형하여 마지막 식으로부터 거꾸로 값을 대입하여 해집합을 구하는 것을 Gauss-소거법(Gaussian elimination)이라한다. 그런데 첨가행렬을 REF에서 기약 행 사다리꼴 행렬(RREF)까지로 변형하여 해집합을 구하는 것을 Gauss-Jordan 소거법이라고 한다.

참고 임의의 실수로 택해지는 변수를 자유변수(free variable)라 부르고 마지막 식에서부터 거꾸로 대입하여 해집합을 정하는 방법을 후방대입법(backward substitution)이라고 한다.

예제 9 다음 연립방정식을 Gauss-Jordan 소거법으로 풀어라.

$$\begin{aligned} x_1+3x_2-2x_3 \qquad\quad +2x_5 \qquad\quad &= \ 0 \\ 2x_1+6x_2-5x_3- \ 2x_4+4x_5- \ 3x_6 &= -1 \\ 5x_3+10x_4 \qquad\quad +15x_6 &= \ 5 \\ 2x_1+6x_2 \qquad\quad + \ 8x_4+4x_5+18x_6 &= \ 6 \end{aligned}$$

풀이 $\begin{bmatrix} 1 & 3 & -2 & 0 & 2 & 0 & \vdots & 0 \\ 2 & 6 & -5 & -2 & 4 & -3 & \vdots & -1 \\ 0 & 0 & 5 & 10 & 0 & 15 & \vdots & 5 \\ 2 & 6 & 0 & 8 & 4 & 18 & \vdots & 6 \end{bmatrix} \to \begin{bmatrix} 1 & 3 & -2 & 0 & 2 & 0 & \vdots & 0 \\ 0 & 0 & -1 & -2 & 0 & -3 & \vdots & -1 \\ 0 & 0 & 5 & 10 & 0 & 15 & \vdots & 5 \\ 0 & 0 & 4 & 8 & 0 & 18 & \vdots & 6 \end{bmatrix}$

$$\to \begin{bmatrix} 1 & 3 & -2 & 0 & 2 & 0 & \vdots & 0 \\ 0 & 0 & 1 & 2 & 0 & 3 & \vdots & 1 \\ 0 & 0 & 0 & 0 & 0 & 0 & \vdots & 0 \\ 0 & 0 & 0 & 0 & 0 & 6 & \vdots & 2 \end{bmatrix} \to \begin{bmatrix} 1 & 3 & -2 & 0 & 2 & 0 & \vdots & 0 \\ 0 & 0 & 1 & 2 & 0 & 3 & \vdots & 1 \\ 0 & 0 & 0 & 0 & 0 & 1 & \vdots & \frac{1}{3} \\ 0 & 0 & 0 & 0 & 0 & 0 & \vdots & 0 \end{bmatrix}$$

$$\to \begin{bmatrix} 1 & 3 & 0 & 4 & 2 & 6 & \vdots & 2 \\ 0 & 0 & 1 & 2 & 0 & 3 & \vdots & 1 \\ 0 & 0 & 0 & 0 & 0 & 1 & \vdots & \frac{1}{3} \\ 0 & 0 & 0 & 0 & 0 & 0 & \vdots & 0 \end{bmatrix} \to \begin{bmatrix} 1 & 3 & 0 & 4 & 2 & 0 & \vdots & 0 \\ 0 & 0 & 1 & 2 & 0 & 0 & \vdots & 0 \\ 0 & 0 & 0 & 0 & 0 & 1 & \vdots & \frac{1}{3} \\ 0 & 0 & 0 & 0 & 0 & 0 & \vdots & 0 \end{bmatrix}$$

이 행렬을 첨가행렬로 갖는 연립일차방정식은

$$\begin{aligned} x_1+3x_2 \quad +4x_4+2x_5 \qquad &= 0 \\ x_3+2x_4 \qquad &= 0 \\ x_6 &= \frac{1}{3} \end{aligned}$$

이므로 $x_2=r$, $x_4=s$, $x_5=t$ (r, s, t 는 임의의 실수)라 하면 구하는 해집합은 다음과 같다.

$$\begin{aligned} x_1 &=-3r-4s-2t, \\ x_2 &= r, \\ x_3 &=-2s, \\ x_4 &= s, \\ x_5 &= t, \\ x_6 &= \frac{1}{3} \end{aligned}$$

참고 행렬의 REF는 유일하지 않지만 RREF는 유일한 모습을 가지므로 해집합을 계산하는데 표준화를 제시할 수 있는 방법이 Gauss-Jordan 소거법이다.

일반적으로 식의 수가 m개이고 미지수의 수가 n개인 일차연립방정식의 첨가행렬을 $[A \mid \mathbf{b}]$라 하면 RREF는 미지수의 위치를 교환하여 일반성을 잃지 않고

$$\begin{bmatrix} I_r & * & \mid & \mathbf{b_r}' \\ \mathbf{0} & \mathbf{0} & \mid & \mathbf{b_{m-r}}' \end{bmatrix}$$

형태로 만들 수 있다. 이때 다음과 같은 경우에 따라 해의 형태를 구분할 수 있다.

(1) $\mathbf{b_{m-r}} \neq \mathbf{0}$인 경우 일차연립방정식의 해는 존재하지 않는다.

(2) $\mathbf{b_{m-r}} = \mathbf{0}$인 경우 일차연립방정식의 해가 존재한다.

(a) $r < m$ 인 경우는 해가 무수히 많다.

(b) $r = m$ 인 경우는 해가 유일하다.

가우스 소거법의 최초 형태는 기원전 200년경, 중국에서 쓰인 '구장산술(Nine Chapter of Mathematical Art)'이라는 책에서 발견된다. 그러나 뛰어난 독일 수학자인 Carl Friedrich Gauss가 유한한 데이터로부터 Ceres 소행성의 궤도를 계산하기 위해서 사용할 때까지는 가우스 소거법의 막강함을 누구도 알지 못했다. 가우스 소거법의 유용성을 알기까지 어떤 일이 있었을까?
1801년 1월 1일, 시실리아 천문학자인 Giuseppe Piazzi는 그가 있다고 믿고 있던 어떤 천체의 반짝임을 보고선 그것이 사라진 행성일지도 모른다고 생각했다. 그는 그것에 Ceres라 이름 붙이고, 위치를 관찰하여 유한한 데이터를 찾아냈으나 행성이 태양 가까이 가는 바람에 행성의 궤도를 놓치고 말았다. 가우스는 최소의 정사각형을 사용하여 유한한 데이터로부터 궤도를 계산했고 그것이 우리가 지금 알고 있는 가우스 소거법이다. 가우스의 업적은 일년 뒤 Ceres가 가우스가 예측했던 처녀자리 근처에 나타남으로 큰 반향을 일으켰다.
이 방법은 독일 엔지니어인 Wilhelem Jordan이 1888년 출간한

'Handbuch der Vermessungskunde'라는 측지학 책에서 사용함으로 더욱더 널리 사용하게 되었다.

2.2.3 연습문제

[1-8] 다음 행렬 중 REF와 RREF인 것을 찾고, RREF가 아닌 것은 RREF로 변형시켜라.

1. $\begin{bmatrix} 1 & 2 \\ 2 & 1 \end{bmatrix}$

2. $\begin{bmatrix} 0 & 1 & 2 \\ 0 & 0 & 1 \end{bmatrix}$

3. $\begin{bmatrix} 0 & 0 & 2 & -3 \\ 3 & 0 & 1 & 2 \end{bmatrix}$

4. $\begin{bmatrix} 0 & 0 & 0 & 0 & -3 \\ 0 & 0 & 1 & 0 & 4 \\ 0 & 0 & 0 & 1 & 2 \end{bmatrix}$

5. $\begin{bmatrix} 1 & 2 & -1 & -2 \\ 0 & 2 & -2 & -3 \\ 0 & 0 & 0 & 2 \end{bmatrix}$

6. $\begin{bmatrix} 0 & 1 & 0 & 0 & 5 \\ 0 & 0 & 1 & 0 & 4 \\ 0 & 1 & 0 & -2 & 3 \end{bmatrix}$

7. $\begin{bmatrix} 0 & 1 & 0 & 0 & 5 \\ 0 & 0 & 1 & 0 & -4 \\ 0 & 0 & 0 & -1 & 3 \end{bmatrix}$

8. $\begin{bmatrix} 1 & -2 & 0 & 2 \\ 2 & -3 & -1 & 5 \\ 1 & 3 & 2 & 5 \\ 1 & 1 & 0 & 2 \end{bmatrix}$

9. 다음 행렬과 행동치인 행렬을 3개만 찾아라.

$$A = \begin{bmatrix} 2 & 0 & 4 & 2 \\ 3 & -2 & 5 & 6 \\ -1 & 3 & 1 & 1 \end{bmatrix}$$

[10-17] 다음 연립방정식을 풀어라.

10.
$$\begin{aligned} x + y + 2z &= -1 \\ x - 2y + z &= -5 \\ 3x + y + z &= 3 \end{aligned}$$

11.
$$\begin{aligned} 2x + 8y + 3z &= 2 \\ x + 3y + 2z &= 5 \\ 2x + 7y + 4z &= 8 \end{aligned}$$

12.
$$\begin{aligned} x - 4y - 3z - 3w &= 4 \\ 2x - 6y - 5z - 5w &= 5 \\ 3x - y - 4z - 5w &= -7 \end{aligned}$$

13.
$$\begin{aligned} 2x + y + z - 2w &= 1 \\ 3x - 2y + z - 6w &= -2 \\ x + y - z - w &= -1 \\ 5x - y + 2z - 8w &= 3 \end{aligned}$$

14.
$$\begin{aligned} x + y + 2z + 3w &= 0 \\ x - 2y + z + w &= 0 \\ 3x + y + z - w &= 0 \end{aligned}$$

15.
$$\begin{aligned} x + y + 2z - 5w &= 3 \\ 2x + 5y - z - 9w &= -3 \\ 2x + y - z + 3w &= -11 \\ x - 3y + 2z + 7w &= -5 \end{aligned}$$

16.
$$\begin{aligned} x + 2y - 3z &= 4 \\ x + 3y + z &= 11 \\ 2x + 5y - 4z &= 13 \\ 2x + 6y + 2z &= 22 \end{aligned}$$

17.
$$\begin{aligned} - y + 2z + 4w &= 0 \\ - z + 3w &= 0 \\ 2x + y + 3z + 7w &= 0 \\ 6x + 2y + 10z + 28w &= 0 \end{aligned}$$

18. 아래 연립방정식에 대하여 다음을 구하라.

$$\begin{aligned} x_1 + \qquad\qquad\qquad x_3 &= 4 \\ 2x_1 + x_2 + \qquad\quad 3x_3 &= 7 \\ -3x_1 - 3x_2 + (a^2 - 5a)x_3 &= a - 11 \end{aligned}$$

(1) 해를 갖지 않기 위한 a의 조건

(2) 유일한 해를 갖기 위한 a의 조건

(3) 무수히 많은 해를 갖기 위한 a의 조건

19. 다음 연립일차방정식이 해를 갖기 위한 a, b, c 의 조건을 구하라.

$$\begin{aligned} x + 2y - 3z &= a \\ 2x + 6y - 11z &= b \\ 2x - 4y + 14z &= 2c \end{aligned}$$

20. 다음 행렬의 REF를 분수를 사용하지 말고 작성하여라.

$$\begin{bmatrix} 2 & 1 & 3 \\ 0 & -2 & 7 \\ 3 & 4 & 5 \end{bmatrix}$$

참고 컴퓨터를 이용하여 계산을 할 때에 유리수인 경우 소수점 아랫자리 수를 제한하면 정확한 값을 계산할 수 없다. 그러므로 가급적 분수를 사용하지 않고 행렬관련 계산을 하는 것은 매우 의미 있는 일이다.

2.3 그래프이론과 한붓그리기

이산적인 문제를 해결하기 위하여 가장 많이 사용되는 도구 중 하나가 그래프이다. 그래프(graph)이론은 오일러가 쾨니히스베르크크르의 일곱 다리 문제를 푸는 과정에서 생겨난 분야로 처음부터 응용과 밀접한 관련을 가지고 있었다. 단, 여기서 말하는 그래프는 함수의 그래프와는 다른 것이다.

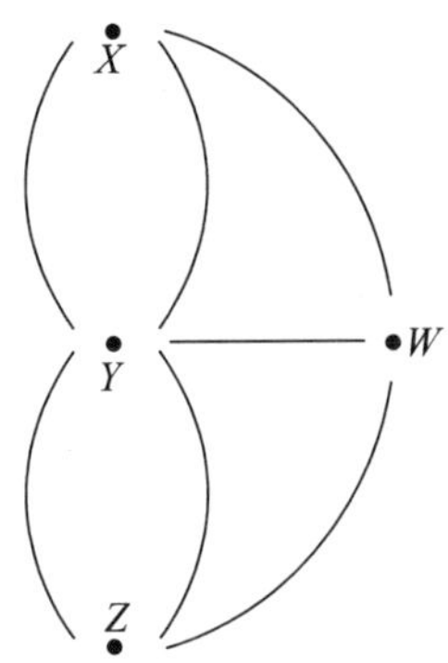

[그림 2.4]

몇 개의 점과 그 점들을 잇는 선으로 이루어진 도형을 그래프라고 한다. 그래프는 도형으로 정의되지만 도형으로서의 성질보다는 그래프를 이루는 점과, 점과 점 사이의 관계 유무를 나타내는 연관성을 주안점으로 한다. 이와 같은 의미에서 그래프 G는 형식적으로 하나의 유한집합 V와 V의 2-중복조합의 다중집합 E의 쌍을 이용하여 $G=(V, E)$로 정의한다. 여기서 V의 원소를 G의 꼭지점들의 집합, E의 원소를 G의 변들의 집합이라고 하고 $|V|=v_G$, $|E|=e_G$로 나타낸다. 특히, 꼭지점의 개수 v_G를 G의 위수(order)라고 한다. 예를 들어, [그림 2.5]는

$$V=\{1,\ 2,\ 3,\ 4\},$$
$$E=\{(1,\ 2),\ (1,\ 3),\ (1,\ 4),\ (2,\ 3),\ (3,\ 3),\ (3,\ 4),\ (4,\ 1)\}$$

로 이루어진 위수가 4인 그래프이고, $v_G=4$, $e_G=7$이다.

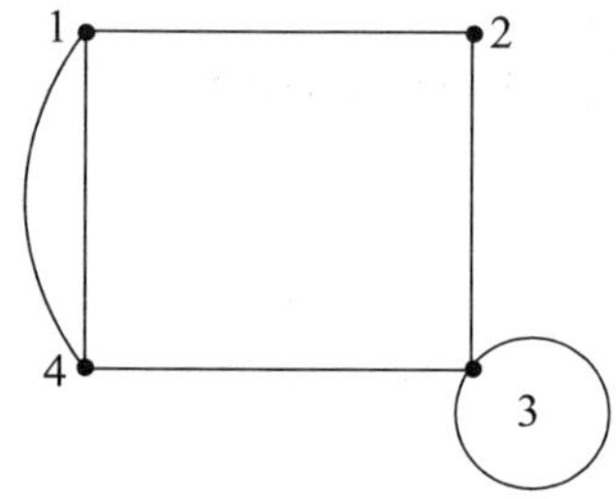

[그림 2.5]

그래프 G의 꼭지점 x, y가 변 e로 이어져 있을 때, x, y는 서로 인접(adjacent)한다고 하고, 변 e는 x와 y에 근접(incident)되었다고 한다. 또한 두 꼭지점을 잇는 2개 이상의 변이 있을 때, 이들 변을 다중변(multiple edge)이라고 하고 한 꼭지점과 그 자신을 잇는 변을 고리(loop)라 한다. 다중변 또는 고리가 잇는 그래프를 다중그래프라고 하고, 다중변과 고리가 없는 그래프를 단순그래프(simple graph)라고 한다. 더욱이 꼭지점 x에 연결되어 있는 변의 개수를 $d(x)$로 나타내고 꼭지점 x의 차수(degree)라고 한다. 특히, 차수가 1인 꼭지점을 단말점(pendant)이라고 한다. 차수에서 고리는 두 번 헤아려진다. 예를 들어, [그림 2.6]의 각 꼭지점의 차수를 구하면 다음과 같다.

$$d(1)=2,\ d(2)=4,\ d(3)=3,\ d(4)=1,\ d(5)=0$$

이 그래프에서는 꼭지점의 차수가 모두 다르다. 그러나 단순그래프에서는 차수가 같은 꼭지점이 반드시 존재한다.

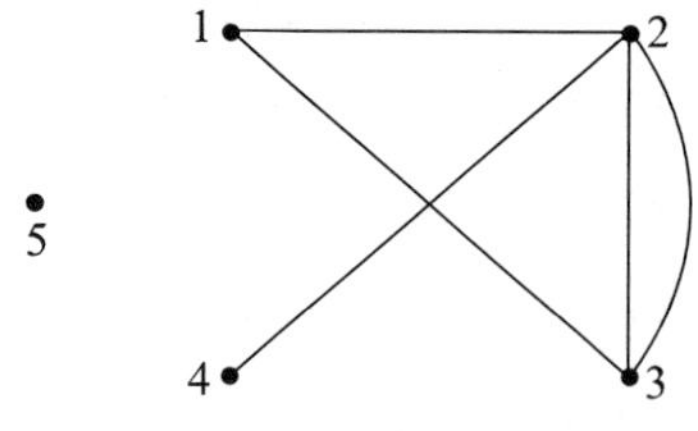

[그림 2.6]

단순그래프의 꼭지점의 성질

단순그래프에는 차수가 같은 꼭지점이 두 개 이상 있다.

증명 G를 위수가 n인 단순그래프라고 하자. $n \le 2$이면 위 정리는 명백하게 성립한다. 또한 차수가 0인 꼭지점이 있다면 n에 관한 수학적 귀납법에 의하여 정리가 성립한다. 이제 차수가 0인 꼭지점이 없다고 하고 꼭지점을 $x_1, x_2, \cdots, x_n$이라 하면, x_i는 $n-1$개의 꼭지점 $x_1, x_2, \cdots, x_{i-1}, x_{i+1}, \cdots, x_n$ 중 1개 이상과 인접하므로

$$1 \le d(x_i) \le n-1 \ (i=1, 2, \cdots, n)$$

이다. 그러므로

$$\{d(x_1), d(x_2), \cdots, d(x_n)\} \subset \{1, 2, \cdots, n-1\}$$

이다. 따라서 비둘기 집의 원리에 의하여 $d(x_i)=d(x_j)$인 서로 다른 두 꼭지점 x_i, x_j가 존재한다. ■

예제 1 다음 단순그래프의 구성요소를 집합으로 나타내고, 각 꼭지점의 차수를 구하여 위의 정리를 확인하여라.

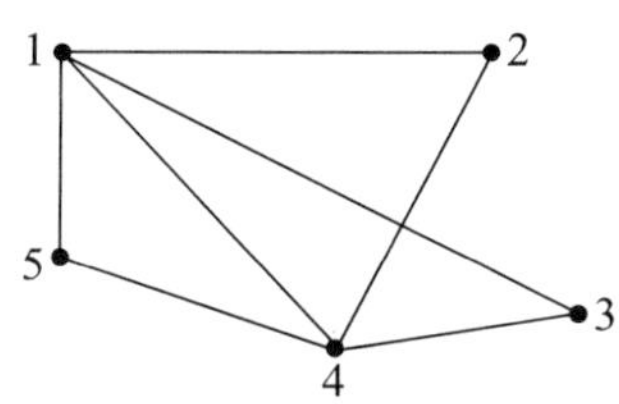

[그림 2.7]

풀이 위의 그래프로부터 다음을 얻을 수 있다.

$$V=\{1, 2, 3, 4, 5\},$$
$$E=\{(1, 2), (1, 3), (1, 4), (1, 5), (2, 4), (3, 4), (4, 5)\},$$
$$d(1)=4,\ d(2)=2,\ d(3)=2,\ d(4)=4,\ d(5)=2$$

따라서 $d(1)=d(4)$이고 $d(2)=d(3)=d(5)=2$이다.

임의의 그래프에 있어서 각각의 변은 두 개의 꼭지점에 연결되어

있으므로 꼭지점의 차수의 합과 변의 수 사이에는 다음과 같은 관계식이 성립한다.

그래프의 차수의 합과 변의 수

그래프에서 꼭지점의 차수의 합은 변의 수의 2배이다. 즉,

$$\sum_{v \in V} d(v) = 2|E|$$

차수가 홀수인 꼭지점을 홀수점, 짝수인 꼭지점을 짝수점이라고 한다. 그러면 위의 정리로부터 다음 정리를 얻을 수 있다.

오일러의 정리

모든 도형의 홀수점의 개수는 짝수 개다.

증명 선이 1개, 2개, 3개, $\cdots$씩 만나는 점의 개수를 각각 n_1, n_2, n_3, $\cdots$라 하고 꼭지점의 총 개수를 n이라 하면 $n = n_1 + n_2 + \cdots$이다. 이때, 도형의 변의 총 개수를 k라 하면

$$\begin{aligned}
2k &= n_1 + 2n_2 + 3n_3 + \cdots \\
&= (2n_2 + 4n_4 + 6n_6 + \cdots) \\
&\qquad + (n_1 + 3n_3 + \cdots + (2p+1)n_{2p+1} + \cdots) \\
&= (2n_2 + 4n_4 + 6n_6 + \cdots) + (2n_3 + 4n_5 + 6n_7 + 2pn_{2p+1} + \cdots) \\
&\qquad + (n_1 + n_3 + n_5 + \cdots + n_{2p+1} + \cdots)
\end{aligned}$$

그런데

$$2k,\ (2n_2 + 4n_4 + 6n_6 + \cdots),\ (2n_3 + 4n_5 + \cdots + 2pn_{2p+1} + \cdots)$$

는 모두 짝수이므로 $(n_1 + n_3 + \cdots + n_{2p+1} + \cdots)$도 짝수이어야 한다. 따라서 홀수점의 개수는 짝수 개이다. ■

일반적으로, 어떤 곡선의 끝점은 홀수점이고 곡선상의 임의의 점은 짝수점이다. 개곡선이면 끝점은 점이고 곡선이 폐곡선이면 끝점은 일치하므로 모든 점은 짝수점이고 홀수점은 하나도 없다. 따라서

다음 정리를 얻을 수 있다.

한붓그리기가 가능한 도형

임의의 도형이 한붓그리기가 가능할 필요충분조건은 홀수점의 개수가 0 또는 2가 되는 것이다.

예제 2 다음 도형은 한붓그리기가 가능한가?

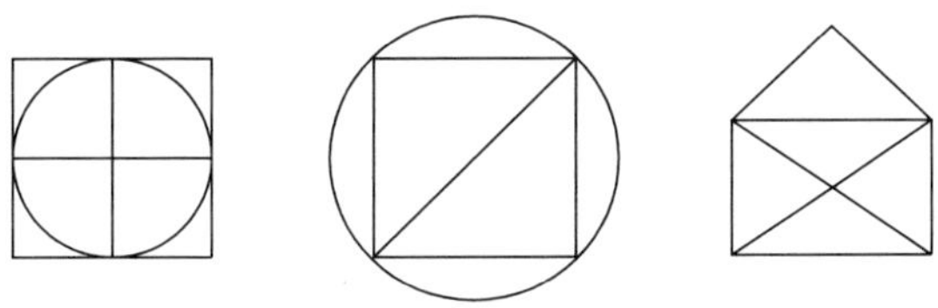

(a) (b) (c)

[그림 2.8]

풀이 (a) 홀수점의 개수가 4개이므로 한붓그리기가 가능하지 않다.
(b) 홀수점의 개수가 2개이므로 한붓그리기가 가능하다.
(c) 홀수점의 개수가 2개이므로 한붓그리기가 가능하다.

여태까지는 그래프의 두 꼭지점을 잇는 변에서 방향을 생각하지 않았었다. 이제 두 꼭지점을 잇는 변에 방향을 주어보자. 그래프의 각 변에 방향을 준 것을 유향그래프(directed graph)라 하고, 방향을 가진 변을 유향변(arc)이라고 한다. 반면에 방향을 주지 않은 그래프를 무향그래프(undirected graph)라고 한다. 유향그래프는 의사전달 체계, 고객 이동 추이, 여러 팀이 출전하는 게임의 승부 기록, 일방통행로가 잇는 교통망 등 다양하게 응용되고 있다. 유향그래프에서 꼭지점 x로 들어오는 유향변의 개수와 x에서 나가는 유향변의 개수를 각각 x의 입차수(indegree), 출차수(outdegree)라 하고, $id(x)$, $od(x)$로 나타낸다.

무향그래프에서 변 $e=(x,\ y)$는 꼭지점 x와 y가 이어져 있다는 것을 나타냈다. 따라서 $e=(x,\ y)=(y,\ x)$이다. 그러나 유향그래프에서 유향변 $(x,\ y)$는 x에서 y로 가는 변이 있는 것이다. 따라서 $(x,\ y)\neq(y,\ x)$이다.

예제 3 다음 유향그래프의 구성요소를 집합으로 나타내고, 각 꼭지점의 차수를 구하여 위의 정리를 확인하여라.

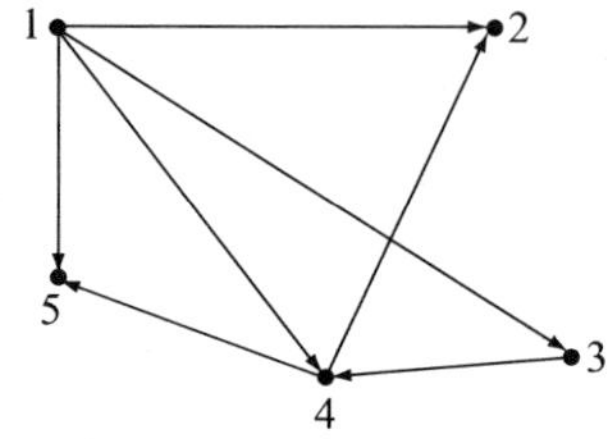

[그림 2.9]

풀이 위의 그래프로부터 다음을 얻을 수 있다.

$$V = \{1, 2, 3, 4, 5\},$$
$$E = \{(1, 2), (1, 3), (1, 4), (1, 5), (2, 4), (3, 4), (4, 5)\},$$
$$id(1) = 0,\ od(1) = 4,\ id(2) = 1 = od(2),\ id(3) = 1 = od(3),$$
$$id(4) = 3,\ od(4) = 1,\ id(5) = 2,\ od(5) = 0$$

그래프 $G = (V, E)$에 대하여 $V' \subseteq V$, $E' \subseteq E$인 그래프 $G' = (V', E')$을 그래프 G의 부분그래프(subgraph)라고 한다. 특히, $V = V'$인 부분그래프를 생성그래프(spanning subgraph)라고 한다.

예제 4 다음에 주어진 두 그래프의 부분그래프를 각각 세 개씩 구하여라.

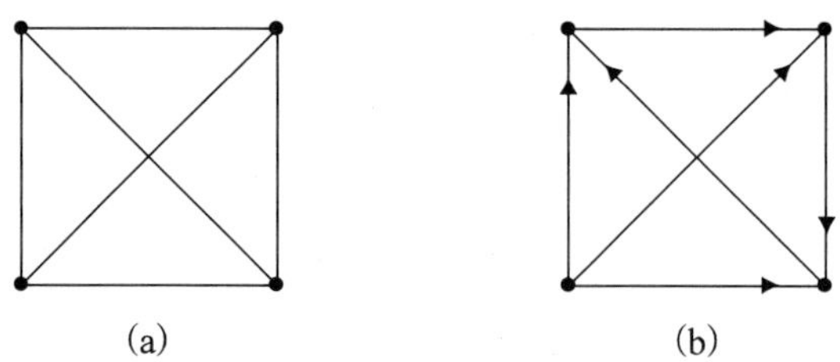

[그림 2.10]

풀이 (a)

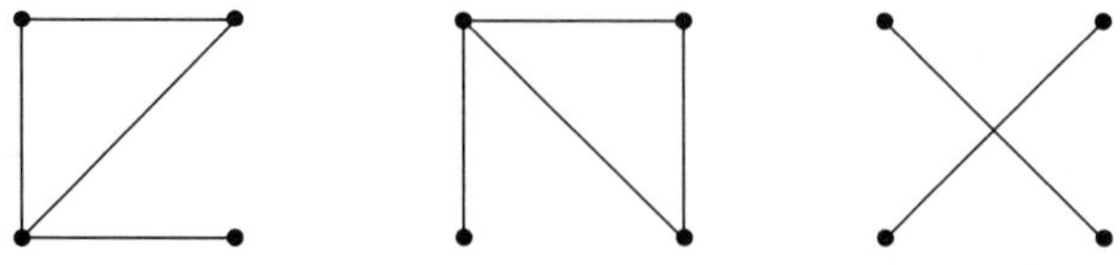

(b) 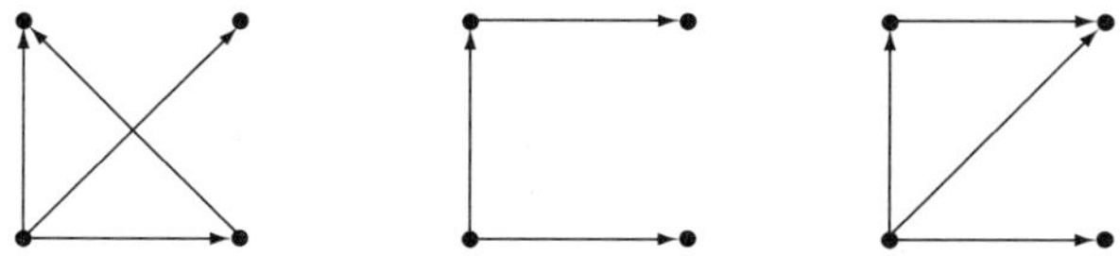

그래프에서 길이가 k인 경로(path)는 $i=1, 2, \cdots, k$일 때, $(v_{i-1}, v_i) \in E$를 만족하는 꼭지점 $v_0, v_1, v_2, \cdots, v_k$의 나열이다. 이때, 이 경로를 (v_0, v_k)-경로라고 한다. 양 끝점이 같은 경로를 폐로(closed path)라고 하고, 모든 변이 다른 폐로를 회로(cycle 또는 circuit)라고 한다. 그래프 중에서 회로가 없는 그래프를 수형도(tree)라고 한다.

단말점과 회로

단말점이 없는 그래프는 회로를 가진다.

증명 G가 다중변이나 고리를 가질 경우에는 그 다중변 또는 고리가 곧 회로이다. 그러므로 G가 다중그래프라면 위 정리는 성립한다.

이제 G를 단순그래프라고 하자. 그리고 다음과 같은 꼭지점의 열 $x_1, x_2, \cdots$를 잡는다.

(1) x_1을 임의로 잡고 x_1과 인접한 꼭지점 x_2를 잡는다.

(2) G가 단말점이 없으므로 x_i가 잡혔을 때 x_i는 단말점이 아니고 따라서 x_i와 인접한 점 $x_{i+1}(\neq x_{i-1})$을 잡는다.

G의 꼭지점은 유한개이므로 어떤 $k, l(k<l)$이 있어서 $x_k = x_l$이 성립한다. 이제 x_k에서 출발하여 차례로 $x_k, x_{k+1}, \cdots, x_l$을 거쳐가는 경로는 G의 회로가 된다. ■

예제 5 다음 주어진 그래프에서 꼭지점 a, c, d, b는 경로이며 그 길이는 3이다. 또한 a, d, e는 길이가 2인 경로이다. 그리고 a, c, d, a, b, d, a는 폐로이고 a, b, e, d, a는 회로이다. 따라서 이 그래프는 회로그래프이다.

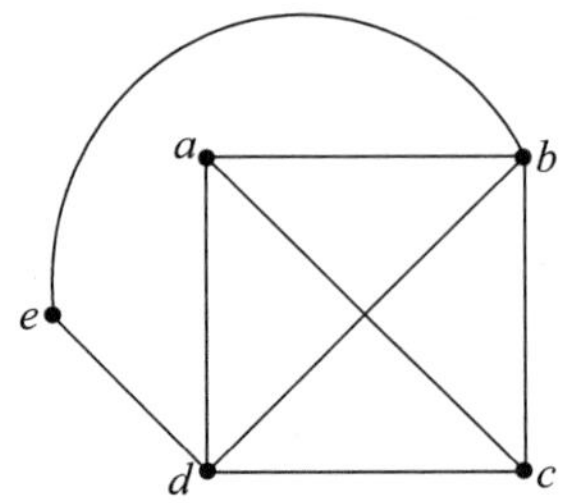

[그림 2.11]

꼭지점 u와 v 사이에 변이 존재할 때 두 꼭지점 u, v는 연결되었다고 하며, 그래프에서 모든 임의의 두 꼭지점 사이에 경로가 존재할 때 그래프 G를 연결그래프(connected graph)라고 한다. 또한 최대의 연결부분그래프를 연결성분(connected component)이라고 한다.

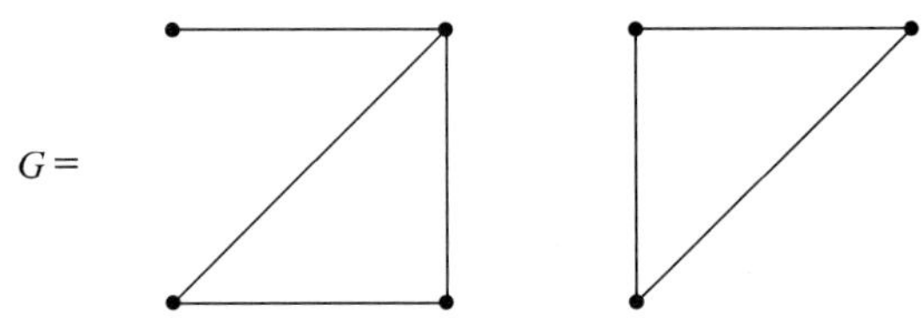

[그림 2.12]

그래프 G에서 몇 개의 꼭지점을 제거하면 그 그래프의 연결성이 깨어지거나 한 점만을 가진 그래프가 되는 경우, 그러한 꼭지점의 최소개수를 G의 점 연결도(vertex connectivity)라고 하며 $\kappa(G)$로 나타낸다. 예를 들어, 다음 그래프는 $\kappa(G)=2$이다.

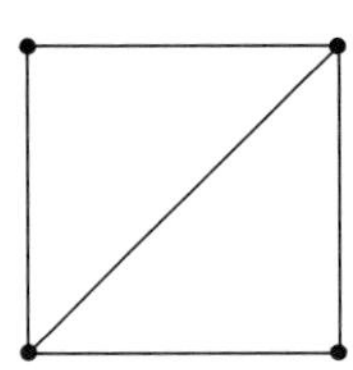

[그림 2.13]

그래프 중에서 어떠한 두 꼭지점도 인접한 단순그래프를 완전그래프(complete graph)라고 한다. 위수가 n인 완전그래프는 K_n으로 나타낸다. K_n의 정의로부터 K_n의 변의 개수는 $\binom{n}{2}=\frac{n(n-1)}{2}$임을 알 수 있다. 또한 모든 꼭지점의 차수가 r인 그래프를 r-정칙그래프 (regular graph)라고 한다. 따라서 K_n은 $(n-1)$-정칙그래프이다.

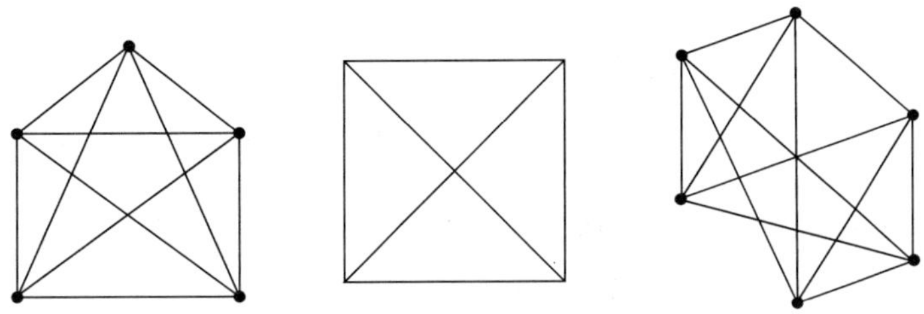

K_5 K_4 4-정칙

[그림 2.14]

점 연결도의 정의로부터 다음 사실을 쉽게 알 수 있다.

(1) G가 연결그래프가 아니면 $\kappa(G)=0$이다.
(2) G가 완전그래프이면 $\kappa(G)=n-1$이다.
(3) G가 완전그래프가 아니면 $\kappa(G)\leq n-2$이다.

$\delta(G)=\min\{d(x)\,|\,x\in V\}$라 하면 다음 정리가 성립한다.

연결도

G가 단순연결그래프이면 다음이 성립한다.

$$\kappa(G)\leq\delta(G)$$

증명 G의 임의의 꼭지점 x에 대하여 $N(x)$를 x와 인접한 꼭지점 전체의 집합이라고 하자. 그러면 $G-N(x)$는 연결그래프가 아니거나 한 점으로 이루어진 그래프이다. 따라서 $\kappa(G)\leq |N(x)|$이다. G가 단순그래프이므로 $|N(x)|=d(x)$이다. 그러므로

$$\kappa(G)\leq\min\{d(x)\,|\,x\in V\}=\delta(G)$$ ■

예제 6 주어진 그래프에서 위의 정리를 확인하여라.

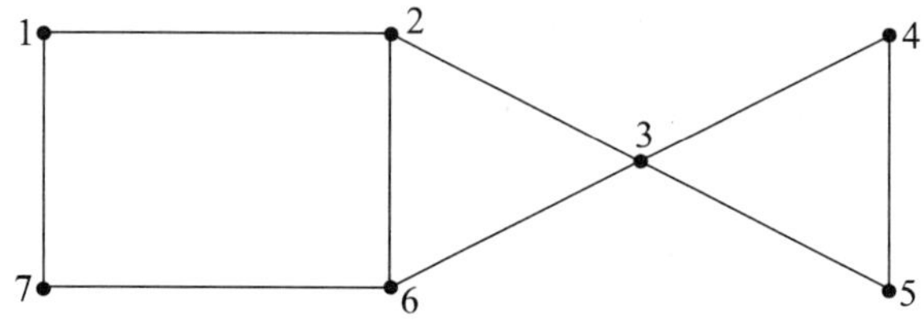

[그림 2.15]

풀이 위의 그래프에서 꼭지점 3을 제거하면 연결선이 깨진다. 따라서 $\chi(G)=1$이다. 또한 모든 꼭지점의 차수가 2 이상이므로 $\delta(G)=2$이다. 그러므로

$$\chi(G) \le \delta(G)$$

그래프의 형태는 매우 다양하다. 그중에서 그래프 $G=(V, E)$의 변의 집합이 V가 두 부분집합 V_1, V_2($V_1 \cap V_2 = \varnothing$, $V_1 \cup V_2 = V$)로 나누어져서 G의 임의의 변 e에 대하여, e의 한 꼭지점은 반드시 집합 V_1에 있고 나머지 꼭지점은 반드시 V_2에 있을 때 그래프 G를 이분그래프(bipartite graph)라 하고 G=(V_1, E, V_2)로 표시한다. 특히 임의의 $v_1 \in V_1$과 임의의 $v_2 \in V_2$가 인접한 이분그래프를 완전이분그래프라고 하며 $|V_1|=m$, $|V_2|=n$인 완전이분그래프를 $K_{m,n}$으로 나타낸다. 예를 들어, [그림 2.16]은 이분그래프와 완전이분그래프이다.

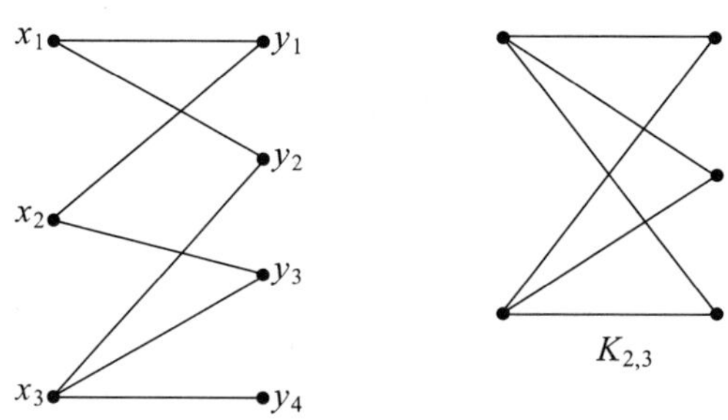

[그림 2.16]

그래프에서 변이 교차하지 않도록 평면에 그려지는 것을 평면그래프(planar graph)라고 한다. 평면그래프는 평면을 몇 개의 영역으로

나눈다. 평면그래프 G에 의하여 나누어지는 영역을 G의 면(face)이라고 하며 그 개수를 f_G로 나타낸다. 평면그래프에 대하여 다음의 정리가 성립하는데, 증명은 생략한다.

평면그래프에 대한 오일러 공식

$$v - e + f = 2$$

예제 7 완전그래프 K_4가 평면그래프인가? 만약 평면그래프라면 K_4에 의하여 만들어진 면의 수를 구하여라. 또한 오일러 공식이 성립함을 확인하여라.

풀이 완전그래프 K_4는 [그림 2.17(a)]처럼 변이 서로 교차하는 것처럼 표현되지만 [그림 2.17(b)]와 같이 다시 그릴 수 있으므로 평면그래프이다. 또한 면의 수는 $f_G = 4$임을 알 수 있다. 또한 $v = 4$, $e = 6$이므로 $4 - 6 + 4 = 2$이다.

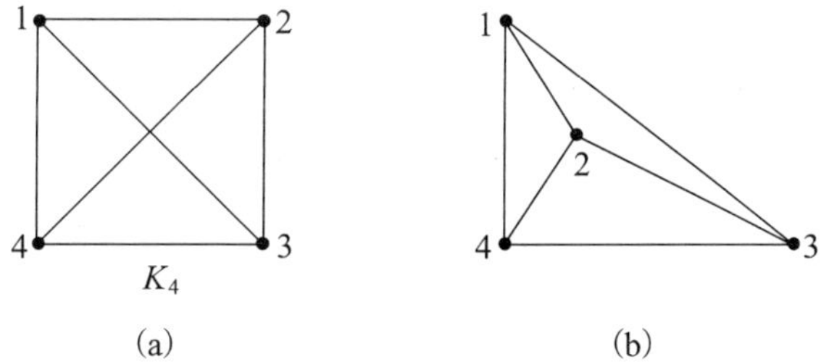

[그림 2.17]

그래프의 동형(isomorphism)

$G_1 = (V_1, E_1)$, $G_2 = (V_2, E_2)$를 그래프라 하자. 모든 $u, v \in V_1$에 대하여 $(u, v) \in E_1$일 필요충분조건은 $(f(u), f(v)) \in E_2$를 만족하는 전단사함수 $f : V_1 \to V_2$가 존재할 때, 그래프 G_1과 G_2를 동형그래프라 하고 전단사함수 f를 G_1에서 G_2로의 동형이라고 한다.

예제 8 다음 그림의 두 그래프가 동형적임을 보여라.

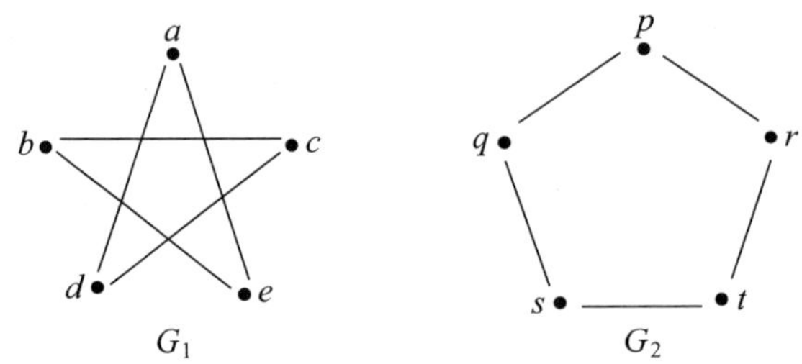

[그림 2.18]

풀이 그 함수는 앞에서 기술한 의미에서 모서리를 보존하는 집합 $\{a, b, c, d, e\}$에서 집합 $\{p, q, r, s, t\}$로의 전단사함수 f를 구해야 한다. 다음 형태의 표로서 함수를 묘사할 것이다.

v	a	b	c	d	e
$f(v)$					

여기서 두 번째 행의 원소들은 첫 행의 각 원소들의 상(image)이어야 한다. 임의로 $f(a)=p$로 시작한다. a는 d와 e에 인접하므로 p는 $f(d)$와 $f(e)$에 인접한다. q와 r은 p에 인접한 꼭지점이므로 $\{f(d), f(e)\}=\{r, q\}$임을 요구한다. 임의로 $f(d)=r$과 $f(e)=q$를 선택한다. 지금까지 표는 다음과 같다.

v	a	b	c	d	e
$f(v)$	p			r	q

남은 일은 집합 $\{b, c\}$를 집합 $\{s, t\}$로 사상하는 것이다. 이 시점에서 우리의 선택은 제한적이다. b는 c와 e에 인접함을 관찰하여라. $f(e)=q$이므로 $f(b)$는 q에 인접해야 한다. 꼭지점 p와 s는 q에 인접하지만 이미 $f(a)=p$이므로 f가 전단사가 되도록 $f(b)=s$를 택할 수밖에 없다. 그러면 $f(c)=t$라 하자. 완성된 표는

v	a	b	c	d	e
$f(v)$	p	s	t	r	q

f를 만들기 위해 인접한 정보를 사용한 반면 동형사상에 대한 모든 조건은 확인하지 않았다. 우선 f는 확실히 전단사이다. 다음으로 사상

$\{u, v\} \to \{f(u), f(v)\}$가 모서리의 집합 사이에서 전단사임을 확인할 필요가 있다. 이 경우는 각 그래프에 모서리가 오직 5개이므로 쉽게 확인할 수 있다. 다음 표는 모서리들 사이의 대응을 보여준다.

$\{u, v\}$	$\{f(u), f(v)\}$
$\{a, d\}$	$\{p, r\}$
$\{a, e\}$	$\{p, q\}$
$\{b, c\}$	$\{s, t\}$
$\{b, e\}$	$\{s, q\}$
$\{c, d\}$	$\{t, r\}$

동형사상에 대한 기하적인 해석을 주는 것 또한 가능하다. 동형사상 f가 규정하는 것은 G_1을 선택, 그의 꼭지점을 배열하여 G_2 위에 놓는 방법이다. 이 예제에서는 a를 p 위에 놓고 모서리 $\{b, c\}$를 모서리 $\{s, t\}$ 위로 움직인 다음, $\{b, e\}$와 $\{c, d\}$를 가로지르지 않도록 $\{s, q\}$와 $\{t, r\}$ 위에 놓는다. ◌

마지막으로 그래프와 행렬 사이의 관계에 대하여 알아보자. 그래프는 앞에서와 같이 그림을 이용하여 나타내기도 하지만 그래프를 이용한 문제를 해결하는 데 있어서는 계산의 편이성 때문에 행렬을 사용하여 그래프를 표현한다. 그래프를 행렬로 표현하기 위하여 그래프 $G=(V, E)$는 $v_1, v_2, \cdots, v_m$의 m개의 꼭지점과 $e_1, e_2, \cdots, e_n$의 n개의 변으로 이루어졌다고 하자.

인접행렬과 근접행렬

인접행렬(adjacency matrix) $A(G)=[a_{ij}]$는 $m \times m$ 행렬로 다음을 만족한다.

$$a_{ij} = \begin{cases} 1, & (v_i, v_j) \in E \\ 0, & \text{그렇지 않으면} \end{cases}$$

또한 근접행렬(incidence matrix) $B(G)=[b_{ij}]$는 $m \times n$ 행렬로 다음을 만족한다.

$$b_{ij} = \begin{cases} 1, & v_i\text{가 } e_j\text{에 붙어있을 때} \\ 0, & \text{그렇지 않을때} \end{cases}$$

예제 9 다음 그래프의 인접행렬과 근접행렬을 각각 구하여라.

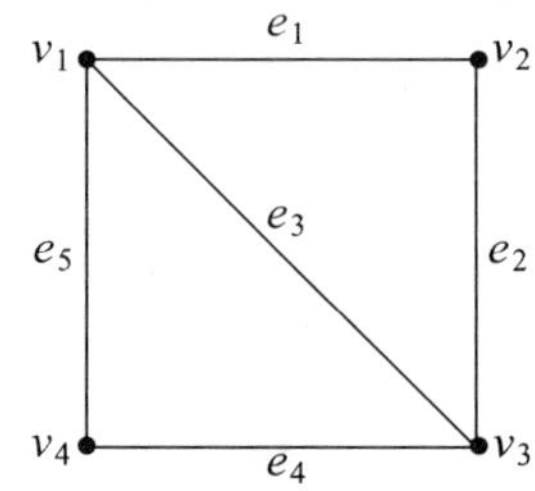

[그림 2.19]

풀이 인접행렬과 근접행렬은 다음과 같다.

	v_1	v_2	v_3	v_4
v_1	0	1	1	1
v_2	1	0	1	0
v_3	1	1	0	1
v_4	1	0	1	0

	e_1	e_2	e_3	e_4	e_5
v_1	1	0	1	0	1
v_2	1	1	0	0	0
v_3	0	1	1	1	0
v_4	0	0	0	1	1

이제부터 그래프 G의 꼭지점을 1, 2, ⋯, n으로 표시하자.

인접행렬과 경로

그래프 G의 인접행렬 $A(G)^k$의 (i, j)-성분은 G에서 길이 k인 (i, j)의 경로의 개수와 같다.

증명 G에서 길이 k인 (i, j)-경로의 개수를 $p_{ij}^{(k)}$, $A(G)^k$의 (i, j)-성분을 $a_{ij}^{(k)}$라 하고, k에 대한 귀납법으로 $p_{ij}^{(k)} = a_{ij}^{(k)}$임을 보이자.

길이 1인 (i, j)-경로는 i와 j를 잇는 변이다. 따라서 인접행렬의 정의에 의하여 $k=1$인 경우 정리가 성립한다.

이제 $k>1$에 대하여 $p_{ij}^{(k-1)} = a_{ij}^{(k-1)}$이 성립한다고 하자. 길이가 k인 (i, j)-경로는 길이가 k인 (i, j)-경로에 끝에 변 (l, j)가 붙어 있는 것이다. 단, $l = 1, 2, \cdots, n$이다. 따라서

$$p_{ij}^{(k)} = \sum + l = 1^n p_{ij}^{(k-1)} \times (l, j\text{를 잇는 변의 개수})$$

이다.

귀납법의 가정에 의하여, 각 $l = 1, 2, \cdots, n$에 대하여

$p_{ij}^{(k-1)} = a_{ij}^{(k-1)}$이고, 또 ($l$, j를 잇는 변의 개수) $= a_{ij}$ 이므로

$$p_{ij}^{(k)} = \sum_{l=1}^{n} a_{il}^{(k-1)} a_{lj} = a_{ij}^{(k)}$$

■

예제 10 다음 그래프에서 길이가 3인 (2, 4)-경로의 개수를 구하여라.

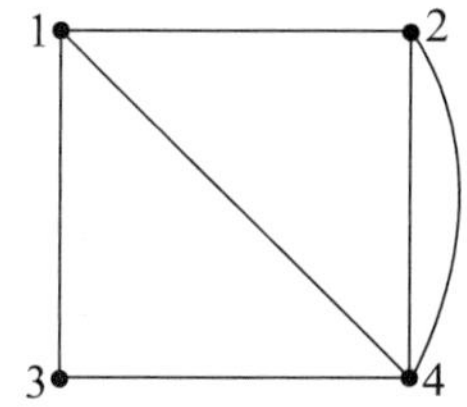

[그림 2.20]

풀이 그래프 G의 인접행렬 $A(G)$와 그 세제곱은 다음과 같다.

$$A(G) = \begin{bmatrix} 0 & 1 & 1 & 1 \\ 1 & 0 & 0 & 2 \\ 1 & 0 & 0 & 1 \\ 1 & 2 & 1 & 0 \end{bmatrix}, \quad A(G)^3 = \begin{bmatrix} 6 & 9 & 6 & 8 \\ 9 & 4 & 3 & 15 \\ 6 & 3 & 2 & 9 \\ 8 & 15 & 9 & 6 \end{bmatrix}$$

$A(G)$의 (2, 4)-성분이 15이므로 G의 길이 2인 (2, 4)-경로의 개수는 15이다.

2.3 연습문제

1. 꼭지점의 집합 V와 변의 집합 E가 다음과 같을 때 이에 대한 그래프를 그려라.

$$V = \{1,\ 2,\ 3,\ 4\}$$
$$E = \{(1,\ 2),\ (1,\ 3),\ (1,\ 4),\ (2,\ 4),\ (3,\ 3),\ (3,\ 4)\}$$

2. 다음 그래프의 각 꼭지점의 차수를 구하고 $\delta(G)$를 구하여라.

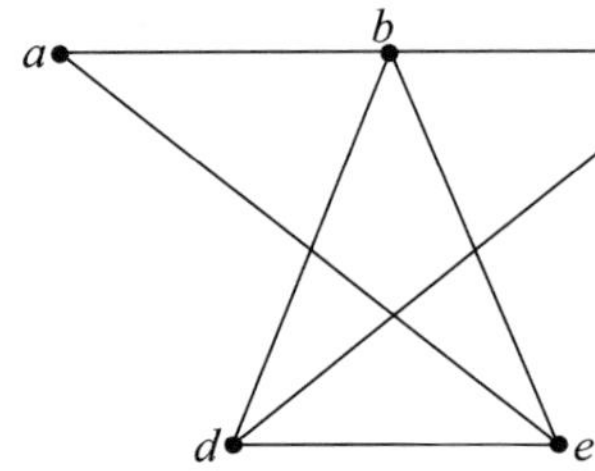

3. 위의 문제 2의 그래프에서 꼭지점 a로부터 꼭지점 d까지의 경로를 두 개만 찾아라. 또한 길이가 5인 회로를 구하여라.

4. 변의 수가 20이고 모든 꼭지점의 차수가 같은 그래프를 그려라.

5. 꼭지점의 수가 10이고, 각 꼭지점의 차수가 3인 평면그래프에 의하여 평면은 몇 개의 영역으로 나누어지는가?

6. 12개의 면을 가지고 있는 4-정칙평면그래프의 꼭지점의 개수를 구하여라.

7. 다음 두 그래프가 동형임을 보여라.

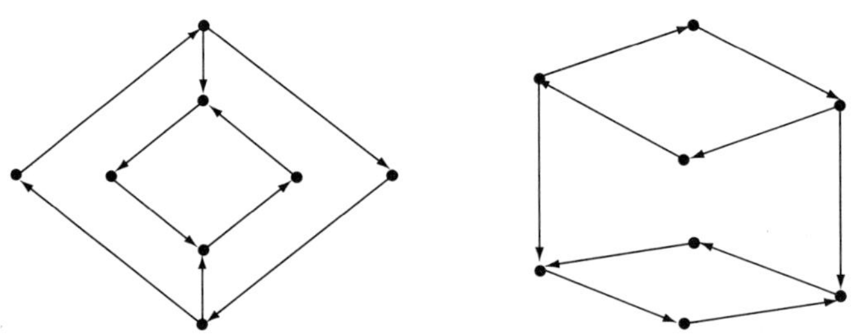

8. 다음과 같은 인접행렬을 가지는 그래프의 근접행렬을 구하여라.

$$A(G)=\begin{bmatrix}0&0&1&1&0\\1&0&1&0&1\\0&0&0&1&0\\0&1&0&0&0\\1&0&1&1&0\end{bmatrix}$$

9. 다음과 같은 인접행렬을 갖는 그래프의 연결성분의 개수를 구하여라.

$$A(G) = \begin{bmatrix} 0 & 1 & 1 & 0 & 0 & 0 \\ 1 & 0 & 1 & 0 & 0 & 0 \\ 1 & 1 & 0 & 0 & 0 & 0 \\ 0 & 0 & 0 & 0 & 1 & 0 \\ 0 & 0 & 0 & 1 & 0 & 0 \\ 0 & 0 & 0 & 0 & 0 & 0 \end{bmatrix}$$

10. 근접행렬이 다음과 같을 때, 이 그래프의 인접행렬을 구하여라.

$$B(G) = \begin{bmatrix} 1 & 1 & 1 & 1 & 0 & 0 \\ 0 & 1 & 1 & 0 & 1 & 1 \\ 1 & 0 & 0 & 0 & 1 & 0 \\ 0 & 0 & 0 & 1 & 0 & 1 \end{bmatrix}$$

2.4 도형의 작도

고대 그리스인들은 기하학에서 작도 문제에 상당한 관심을 가지고 있었다. 지금도 눈금 없는 자와 컴퍼스만으로 어떤 것을 작도하는 문제는 재미있는 문제이다. 눈금 없는 자와 컴퍼스만으로 도형을 작도하는 문제 중 고대부터 지금까지 가장 흥미 있고 재미있는 문제로 유명한 삼대 작도 문제가 있다. 물론 이 세 가지는 모두 작도 불가능이라는 것이 이미 증명되어져 있다. 소위 삼대 작도 문제는 다음과 같다.

1. 임의의 각을 삼등분하라.
2. 주어진 원과 같은 넓이를 갖는 정사각형을 작도하라.
3. 주어진 정육면체의 부피의 두 배가 되는 부피를 갖는 정육면체를 작도하라.

작도 문제를 알아보기 위하여 먼저

"자와 컴퍼스만을 사용하여 작도하라"

라는 의미를 살펴보자. 자와 컴퍼스만으로 작도하여 얻어지는 점의 위치는 원과 원, 원과 직선, 직선과 직선의 교차점 밖에는 나타나지 않는다. 또 선분의 길이는 위와 같은 방법으로 얻어지는 점끼리의 최단 거리이다. 따라서 이것을 유리수를 계수로 갖는 방정식으로 바꾸면, 결국 원과 직선을 나타내는 각종 방정식을 연립하여 그 방정식들을 만족하는 점의 위치를 구하는 것이다. 또 이렇게 해서 구해진 점과 점 사이의 거리를 구하는 식을 찾는 문제가 된다.

이 절에서는 간단한 도형의 작도에 대하여 알아보고, 앞에서 소개한 삼대 작도 문제에 대하여 알아본다.

예제 1 $\angle AOB$의 이등분선을 작도하여라.

풀이 [그림 2.21]와 같이 점 O를 중심으로 적당한 원을 그려서, $\overrightarrow{OA}$, $\overrightarrow{OB}$와의 교점을 각각 C, D라고 하자. 점 C와 D를 중심으로

반지름의 길이가 같은 두 원을 그려서, 그 교점을 P라 하자. 그러면 점 O와 P를 이은 반직선 OP가 $\angle AOB$의 이등분선이다.

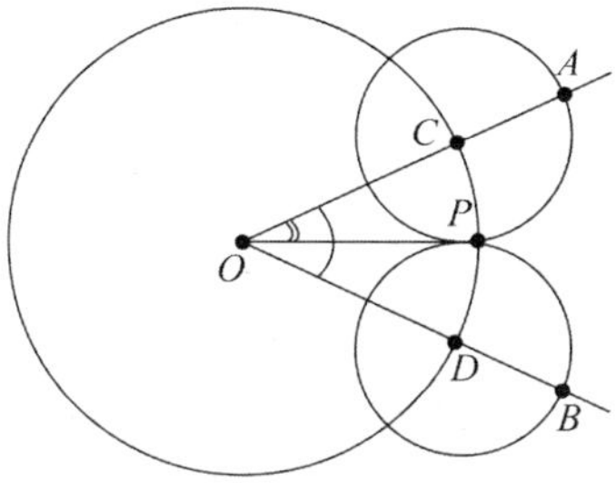

[그림 2.21]

예제 2 선분 AB의 수직이등분선을 작도하여라.

풀이 [그림 2.22]에서와 같이 점 A, B 각각을 중심으로 하여 반지름의 길이가 같은 두 원을 두 점에서 만나도록 그린다. 그리고 두 원의 교점을 각각 P, Q라 하면, 두 점 P, Q를 이은 $\overleftrightarrow{PQ}$가 선분 AB의 수직이등분선이다.

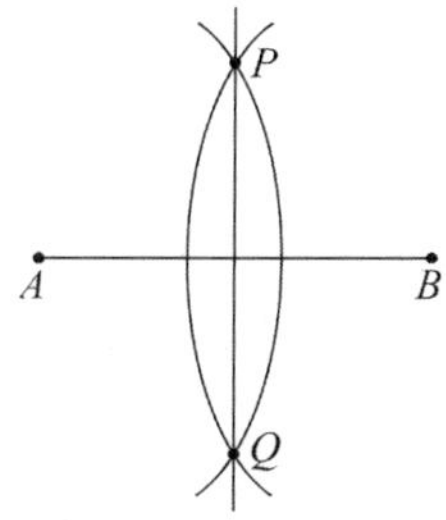

[그림 2.22]

눈금 없는 자와 컴퍼스를 이용하여 주어진 도형과 같은 도형을 작도할 수도 있는데, 이를 다음 예제를 통하여 알아보자.

예제 3 다음에 주어진 삼각형 ABC와 세 변의 길이가 같은 삼각형을 작도하여라.

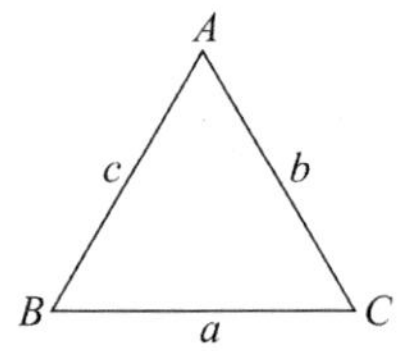

[그림 2.23]

풀이 먼저 한 직선 l을 긋고 l 위에 길이가 a인 선분 QR을 잡는다. 점 Q를 중심으로 하고, c를 반지름으로 하는 원을 그린다. 점 R을 중심으로 하고, b를 반지름으로 하는 원을 그려서 Q를 중심으로 하는 원과의 교점을 P라 하자. 그리고 점 P와 Q, 점 P와 R을 각각 이으면 $\triangle PQR$이 구하는 삼각형이다.

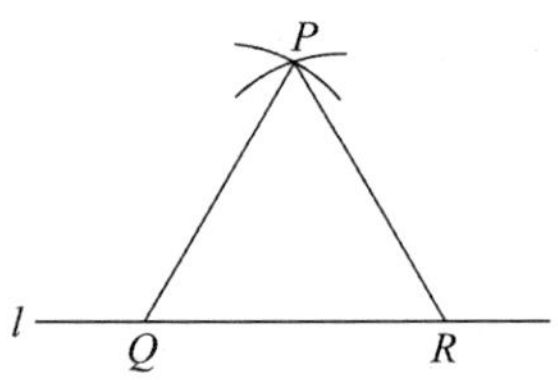

[그림 2.24]

이제 정다각형을 작도하는 방법을 알아보자.

먼저 정삼각형을 작도하기 위하여 [그림 2.25]과 같이 원을 그려라. 그런 다음, 그 원과 같은 반지름을 가지는 원을 그리는데, 두 번째 그리는 원의 중심이 첫 번째 그린 원의 원주 위에 놓이게 그린다. 그리고 두 원이 만나는 점과 중심을 이으면 정삼각형을 그릴 수 있다.

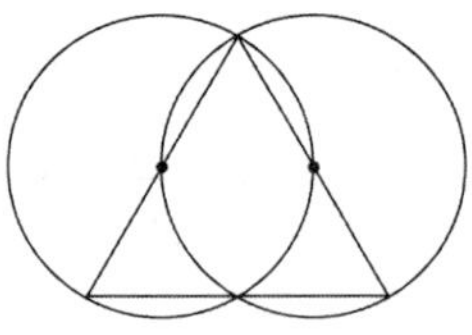

[그림 2.25] 정삼각형

정사각형을 작도하는 방법은 여러 가지가 있다. 여기에서는 그중에서 가장 간단한 방법 하나만 소개한다.

정삼각형을 작도할 때와 마찬가지로 반지름이 같은 두 개의 원을 그리자. 그런 다음 두 원의 중심과 교점을 지나가는 수평선과 수직선을 긋는다. 두 선이 교차하는 점에 컴퍼스의 바늘 끝을 고정하고, 컴퍼스의 연필 끝은 한 원의 중심에 두자. 그리고 작은 원을 그린 다음, 원이 선과 만나는 네 점을 연결하면 옆으로 기운 정사각형이 그려진다.

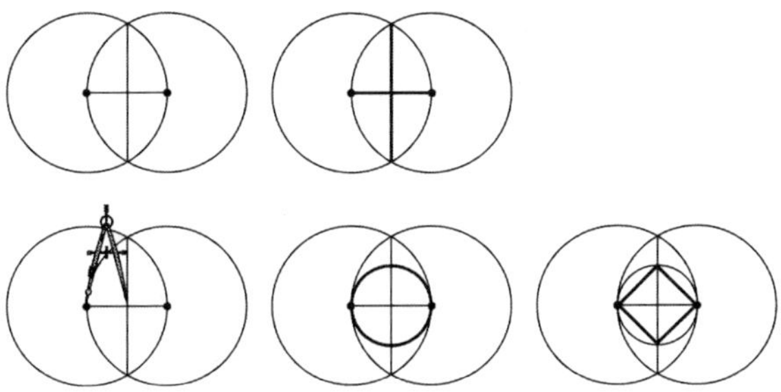

[그림 2.26] 정사각형

정오각형의 작도는 매우 복잡하다. 따라서 각 단계별로 번호를 붙이고 그림을 소개할테니 잘 따라 해보기 바란다.

단계 1. 정사각형을 그릴 때와 마찬가지로 세 개의 원을 그리자. 그리고 컴퍼스를 그대로 유지한 채 바늘 끝을 큰 원의 중심에 놓고, [그림 2.27]과 같이 작은 원을 하나 더 그려 넣어라.

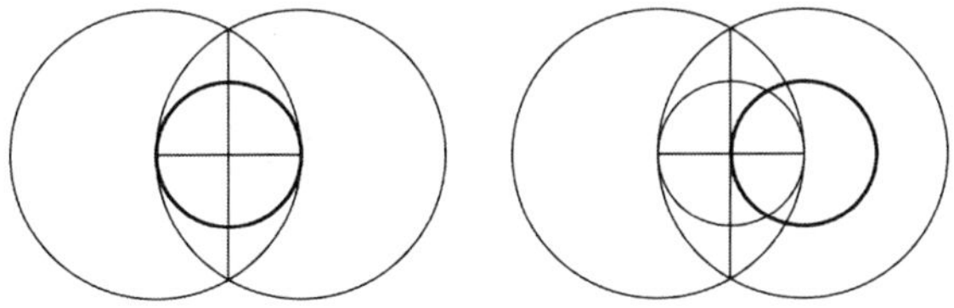

[그림 2.27]

단계 2. 내부의 작은 원 안에서 수직선을 긋는다.

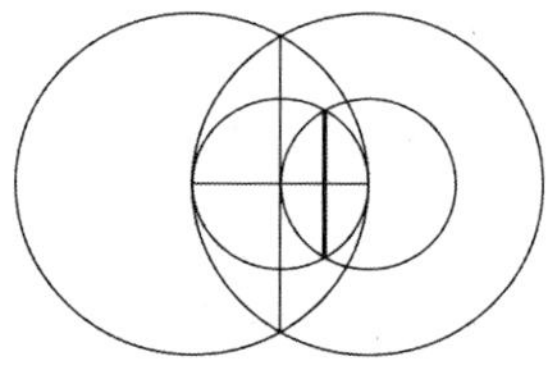

[그림 2.28]

단계 3. 컴퍼스의 바늘 끝을 작은 원 안에 그려진 수직선의 교점에 두고, 연필 끝을 작은 원의 꼭대기까지 벌린다. 그런 다음 컴퍼스를 아래쪽으로 돌려 연필 끝이 수평선의 지름과 만나게 한다.

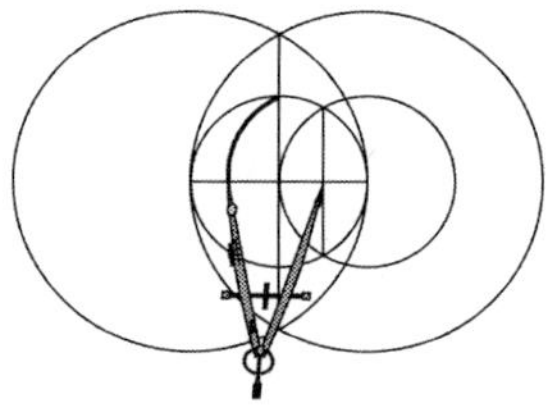

[그림 2.29]

단계 4. 단계 3까지 완성되었다면 이번에는 컴퍼스의 바늘 끝을 작은 원 꼭대기에 두고, 연필 끝을 작은 원의 지름 위에 생긴 점까지 벌린다. 그리고 컴퍼스의 팔을 위쪽으로 돌려 작은 원과 만나게 한다. 새로 생긴 이 점과 원 꼭대기의 점이 정오각형의 최초의 두 꼭지점이 된다.

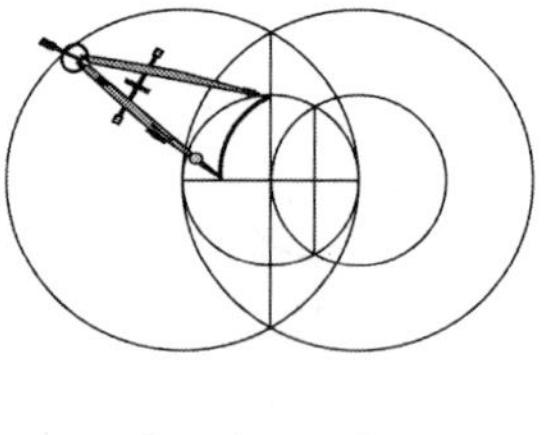

[그림 2.30]

단계 5. 컴퍼스의 팔 간격을 그대로 유지한 채 원 주위로 옮겨 다니면서 다섯 개의 점을 찍는다. 그러면 이 점들이 정오각형의 꼭지점들이다.

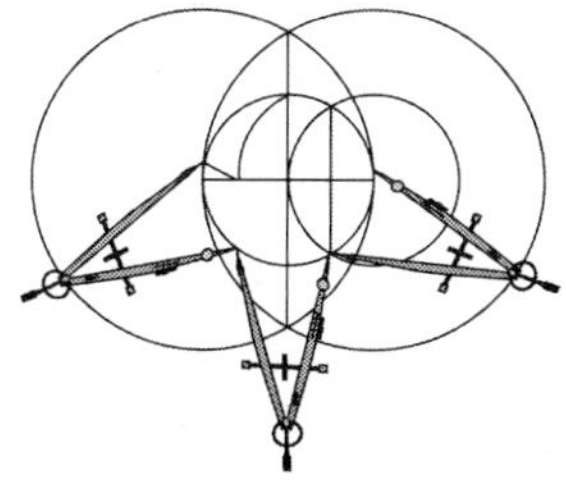

[그림 2.31]

단계 6. 마지막으로 다섯 개의 점을 연결하여 정오각형을 그리면 완성이다. 좀 어려웠을 것이다. 그러나 어떤 일이든지 눈으로 보고 생각하는 것보다는 직접해보고 느껴보는 것이 더 중요하다.

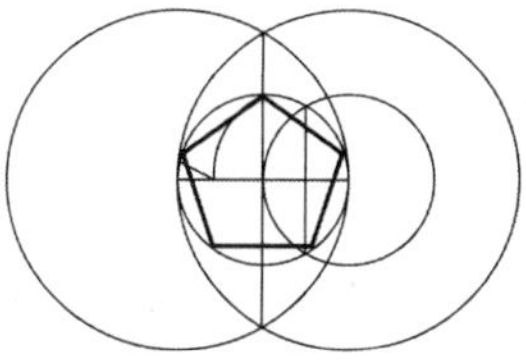

[그림 2.32]

정육각형을 작도하는 방법도 많이 있지만 여기서는 가장 유용한 방법 두 가지를 소개한다. 먼저 똑같은 반지름을 갖는 원을 [그림 2.33]과 같이 세 개 겹쳐놓아 작도할 수 있다.

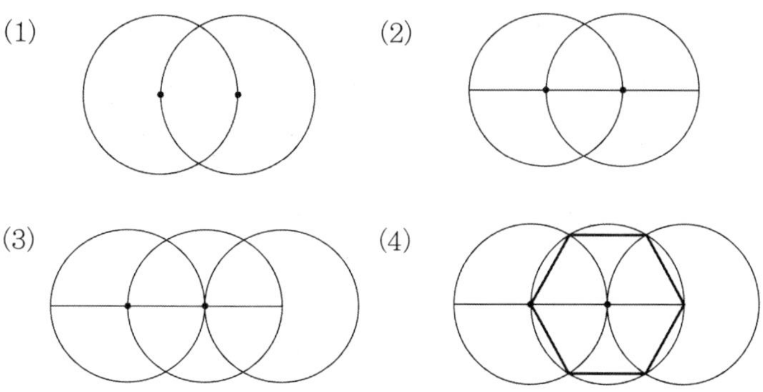

[그림 2.33]

또 다른 방법은 원주 주위를 그 원의 반지름의 간격으로 컴퍼스를 옮겨서 여섯 개의 점을 얻는 방법이다. 두 가지 방법 중에서 더 쉬운 것을 기억해 놓으면 편리하게 이용할 수 있을 것이다.

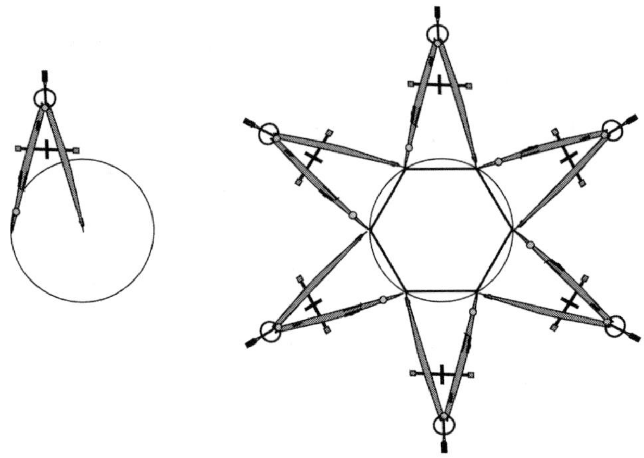

[그림 2.34] 정육각형

작도에 대하여 많은 관심과 연구를 진행했던 고대 그리스의 수학자들은 정 7, 9, 11, 13각형의 작도방법을 알아내기 위하여 많은 노력을 기울였다. 하지만 그 방법을 끝내 알아내지 못했다. 결국 '수학의 황제'로 불리는 가우스가 18세이던 1796년에 정 7, 9, 11, 13각형은 작도 불가능이라는 것을 증명하게 되었다. 따라서 우리는 정칠각형과 정구각형을 대략적으로 그리는 방법을 알아볼 것이다.

정칠각형은 반지름이 같은 원을 두 개 그리고 그 안에 정사각형을 그린 다음 그 대각선을 긋는다. 그리고 그 정사각형에 내접하는 원을 그리면 두 개의 큰 원과 작은 원이 만난다. 컴퍼스의 팔을 벌려 이 두 점 간의 거리를 재서 원 주위를 돌며 같은 간격으로 일곱 개

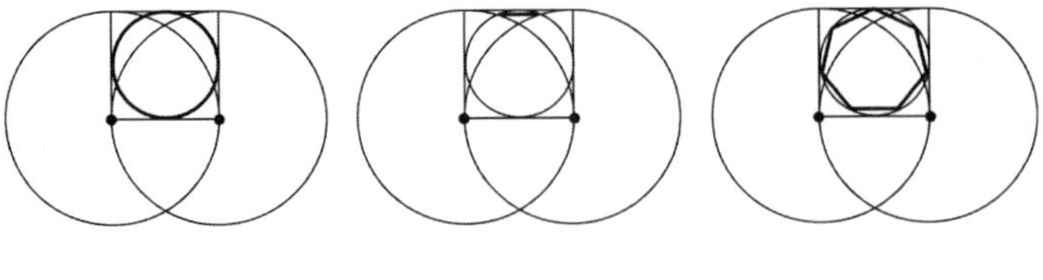

[그림 2.35] 정칠각형

의 점을 찍고 이를 연결하면 정칠각형이 된다. 물론 정확한 정칠각형은 아니다.

정팔각형은 먼저 앞에서 설명한 정사각형을 작도하고, 안쪽 원의 반지름만큼 벌린 컴퍼스의 바늘 끝을 정사각형의 네 꼭지점에 각각 갖다대고 원을 하나씩 그린다. 자를 이용하여 정사각형의 네 변을 연장하여 각 꼭지점에서 그린 네 원과 만나도록 하자. 이때 만난 여덟 개의 점을 연결하면 정팔각형을 작도할 수 있다.

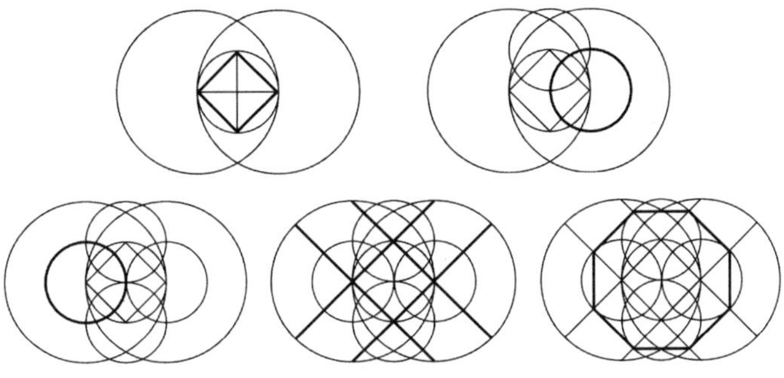

[그림 2.36] 정팔각형

정구각형을 그리기 위하여 원 내부에 정육각형을 작도하고, 내접하는 육각형별을 그린다. 그리고 그 중 하나의 삼각형을 선택하여 세 꼭지점으로부터 마주보는 변과 다른 삼각형이 만나는 두 교점을 지나는 직선을 그어 원주까지 연결하자. 그러면 아홉 개의 점을 얻고, 이를 연결하면 정구각형을 그릴 수 있다.

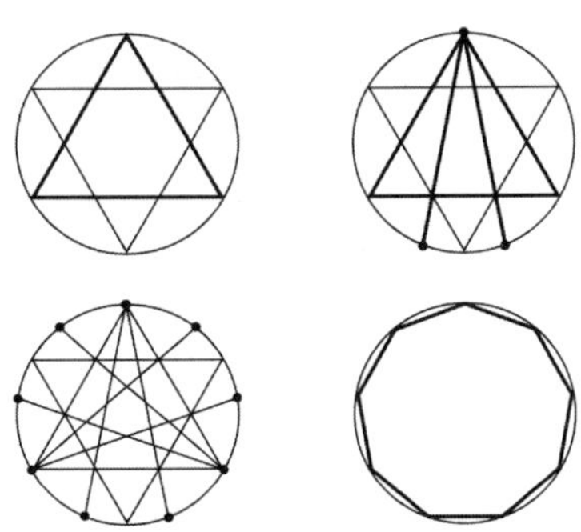

[그림 2.37] 정구각형

정십각형을 작도하기 위하여 먼저 정오각형과 정오각형의 각 꼭지점을 연결하여 별을 그린다. 이 별의 다섯 개의 꼭지점에서 마주보는 교차점을 직선으로 이어 원주까지 연장한다. 이와 같은 방법으로 얻은 열 개의 점을 연결하면 정십각형이 된다.

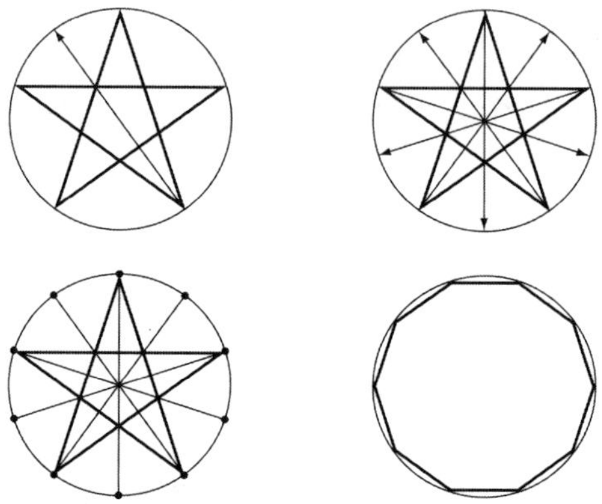

[그림 2.38] 정십각형

숫자 중에서 12는 그리스어로 도데카드라고 불렀는데, 작은 크기의 숫자임에도 불구하고 약수가 많은 수이기 때문에 그리스 시대에는 매우 중요한 숫자로 여겼다. 그래서 마지막으로 정12각형을 작도하는 방법을 소개하겠다.

정12각형을 작도하는 방법은 아주 많이 있지만, 그중에서 오래되었으면서도 쉬운 방법을 하나만 소개한다. 이 방법은 12각 평면을 조금의 틈도 없이 덮을 수 있는 세 가지 도형인 삼각형, 사각형, 육각형의 수인 3, 4, 6으로 나누어진다는 사실을 이용한 것이다.

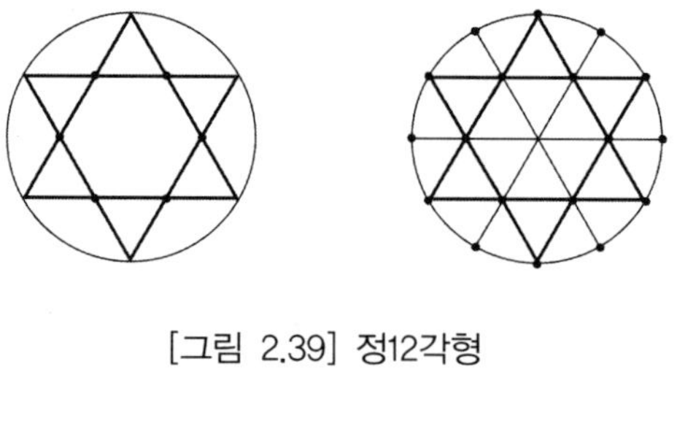

[그림 2.39] 정12각형

먼저 원 안에 육각형의 별을 그려 넣는다. 원의 중심에서 여섯 개의 교점을 각각 지나도록 직선을 긋되, 원주까지 이르도록 직선을 연장한다. 그러면 그 직선들이 원주와 만나는 12개의 점을 꼭지점으로 하는 정12각형을 그릴 수 있다.

이제, 앞에서 소개한 삼대 작도 문제에 대하여 알아보자.

눈금 없는 자와 컴퍼스만을 이용한다는 의미를 대수적으로 표현하여보자. 반지름이 r인 원의 방정식은 $x^2+y^2=r^2$이고 임의의 직선의 방정식은 $y=ax+b$이므로, 이와 같은 방정식을 푼다는 것은 결국 기껏해야 이차방정식을 푸는 것과 같다. 그리고 이차방정식의 근은 주어진 방정식의 근과 계수의 관계를 이용하면 구할 수 있다. 결국 이차방정식의 근은 미지수의 계수에 가감승제와 제곱근($\sqrt{\ }$)을 유한 회 사용하여 만들어지는 수들이다. 따라서 작도가 가능한 수는 유리수와 제곱근에 가감승제를 유한 회 사용하여 만들 수 있는 수이다.

예를 들면, 제곱하여 2가 되는 $\sqrt{2}$는 작도할 수 있어도, 세제곱하여 2가 되는 $\sqrt[3]{2}$는 제곱근을 유한 회 사용하여도 얻을 수 없는 수이므로 작도할 수 없는 수이다. 또한, 원주율 π도 마찬가지 이유로 작도할 수 없다.

이제 눈금 없는 자와 컴퍼스만을 사용하는 삼대 작도 문제가 불가능함을 하나씩 자세히 살펴보도록 하자.

예제 4 임의의 각을 삼등분하여라.

풀이 이 경우는 작도가 되지 않는 예를 보여줌으로써 증명할 수 있다. 여기서는 크기가 60°인 각을 삼등분할 수 없음을 보이자.

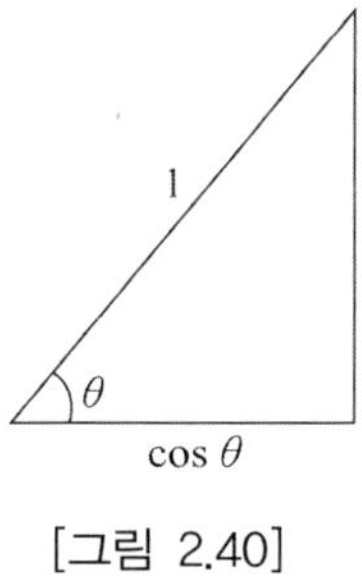

[그림 2.40]

[그림 2.40]으로부터 크기가 θ인 각을 작도하는 것은 $\cos\theta$를 작도하는 것과 같다. 따라서 삼각함수의 두 가지 공식

$$\cos(x+y) = \cos x \cos y - \sin x \sin y,$$
$$\sin(x+y) = \sin x \cos y + \cos x \sin y$$

를 이용하면

$$\cos 3\theta = 4\cos^3\theta - 3\cos\theta$$

를 얻는다. 여기서 θ를 $60°$의 $\frac{1}{3}$인 $20°$라 하고 $\cos\theta = x$라 하면

$$\cos 3\theta = \cos 60° = \frac{1}{2} = 4x^3 - 3x$$
$$\therefore \quad 4x^3 - 3x = \frac{1}{2}$$

을 얻는다. 따라서 위의 삼차방정식의 근을 구하여 그 근이 제곱근에 의하여 얻어지면 작도 가능이고, 그렇지 않으면 불가능이다. 그런데 위의 삼차방정식의 근을 구하면 세 개의 서로 다른 실근이 나오고, 모두 세제곱근이다. 따라서 위 식의 근 $x = \cos\theta$는 작도할 수 없다. 즉, $\theta = 60°$를 삼등분할 수 없다. ◎

임의의 각을 삼등분하는 작도가 불가능하다고 해서 어떠한 각도 삼등분하는 작도가 불가능한 것은 아니다. 가령, 직각을 눈금 없는 자와 컴퍼스만으로 삼등분하는 것은 아주 간단하다. 즉, 주어진 직각에 대하여 중심을 O로 하여 적당히 컴퍼스를 벌려서 적당한 반지

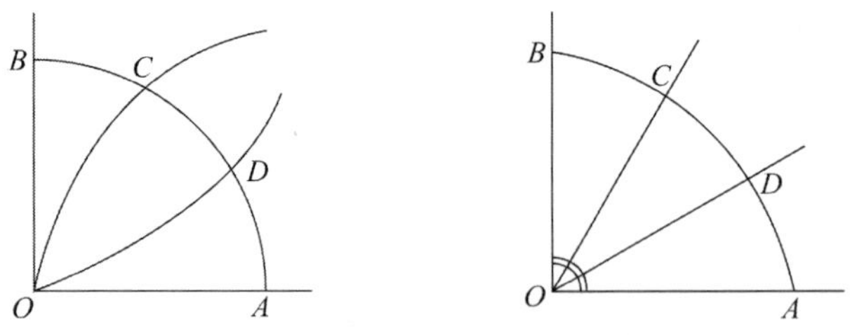

[그림 2.41]

름의 호 $\widehat{AB}$를 그리자. 그 다음 각각 A, B를 중심으로 하여 같은 크기의 반지름의 호를 그리면 처음 호 $\widehat{AB}$와 만나는 점 C, D가 생긴다. 그러면 직각 AOB는 반직선 $\overline{OC}$, $\overline{OD}$에 의하여 삼등분된다.

예제 5 주어진 원과 같은 넓이를 갖는 정사각형을 작도하여라.

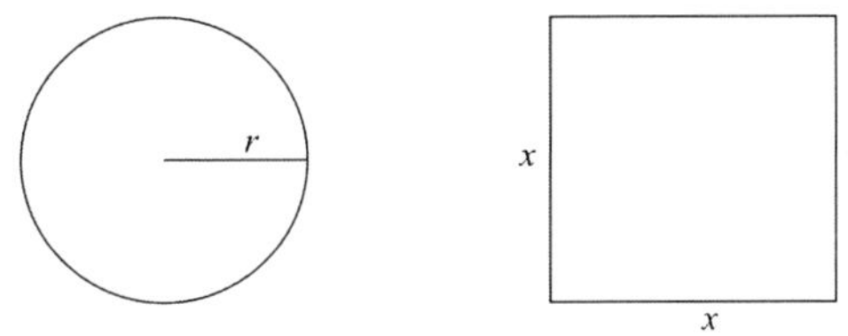

[그림 2.42]

풀이 주어진 원의 반지름을 r, 작도하고자 하는 정사각형의 한 변의 길이를 x라고 하면

$$x^2 = \pi r^2, \quad r > 0,\ x > 0$$

이므로

$$x = r\sqrt{\pi}$$

이다. 그러나 π가 작도 불가능이므로 $\sqrt{\pi}$도 작도 불가능이다. 그러므로 정사각형의 한 변의 길이 x를 작도할 수 없다. ◎

예제 6 주어진 정육면체의 부피의 두 배가 되는 부피를 갖는 정육면체를 작도하여라.

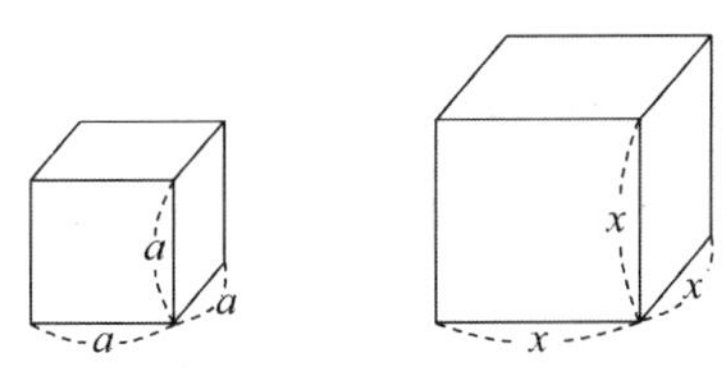

[그림 2.43]

풀이 주어진 정육면체의 한 변의 길이를 a, 작도하고자 하는 정육면체의

한 변의 길이를 x 라고 하자. 그러면

$$x^3 = 2a^3, \quad a > 0, \ x > 0$$
$$\therefore \quad x = \sqrt[3]{2}\, a$$

그런데 $\sqrt[3]{2}$ 는 작도 불가능이므로 x 를 작도할 수 없다. ◎

2.4 연습문제

1. 다음 그림에서 $\angle AOC$, $\angle BOC$의 이등분선 $\overline{OP}$, $\overline{OQ}$를 작도하여라.

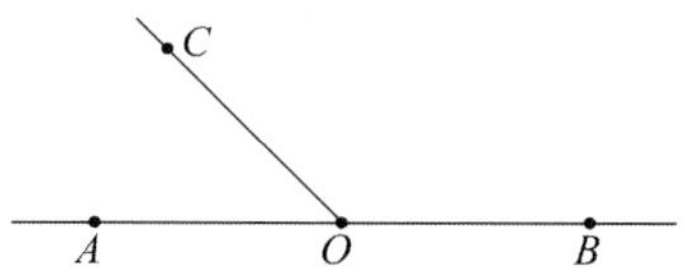

2. 선분을 수직이등분하는 작도 방법을 이용하여 선분 AB의 중점을 작도하여라.

3. 직선 l 위의 한 점 A를 지나고 직선 l에 수직인 직선을 작도하여라.

4. 한 변의 길이가 5cm인 정삼각형을 작도하고, 이것을 이용하여 크기가 30°, 15°인 각을 작도하여라.

5. 다음 그림과 같이 직선 l 위에 있지 않은 두 점 A, B가 있을 때 $\overline{AP} = \overline{BP}$가 되는 직선 l 위의 점 P를 작도하여라.

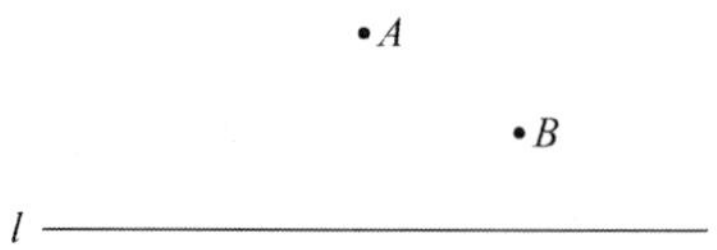

6. 서로 다른 세 점 A, B, C와 거리가 모두 같은 점 P를 작도하여라.

7. 한 변의 길이가 a인 정사면체와 정팔면체의 부피를 각각 구하여라.

8. 밑면은 한 변의 길이가 8인 정사각형이고, 옆모서리의 길이는 모두 10인 정사각뿔의 높이와 부피를 구하여라.

9. 한 변의 길이가 a인 정팔면체의 마주 보는 두 모서리 사이의 거리를 구하여라.

10. 밑면의 반지름의 길이가 6, 모선의 길이가 12인 원뿔의 높이와 부피를 구하여라.

11. 같은 평면 위에 있지 않은 네 점을 지나는 구면은 단 한 개 존재함을 보여라.

3
미분과 적분

3.1 극한과 연속

이 장에서는 미분적분학의 기초 개념을 개괄적으로 조망해보고자 한다. 따라서 일반적으로 대학수학의 미분적분학에서 취급하는 함수들은 삼각함수와 쌍곡선함수 등 그 폭이 넓지만 여기서는 주로 다음의 대수함수와 지수, 로그함수들만을 다루는 것으로 제한하기로 한다.

유리함수

x 의 분수식으로 표시되는 함수

$$R(x)=\frac{a_0x^n+a_1x^{n-1}+\cdots+a_{n-1}x+a_n}{b_0x^m+b_1x^{m-1}+\cdots+b_{m-1}x+b_m}$$

을 유리함수라 한다. 특히,

$$P(x)=a_0x^n+a_1x^{n-1}+\cdots+a_{n-1}x+a_n \quad (a_i\text{는 상수})$$

인 꼴의 유리함수를 다항식 또는 유리정함수라 한다.

무리함수 및 대수함수(algebraic function)

몇 개의 상수와 변수 x에 사칙연산 및 n제곱근을 구하는 연산인 5가지 연산을 유한번 시행하여 얻어지는 함수를 무리함수라 한다. 예를 들면,

$$y=\sqrt{x^2+x+1},\ y=\frac{\sqrt[3]{x+2}}{\sqrt{x+1}+\sqrt{x-1}}$$

등은 무리함수이다.

다음에 가령 $y=\sqrt{x^2+x+1}$은 $y^2-(x^2+x+1)=0$이라는 y에 관한 이차방정식의 해라고 생각할 수 있다. 일반적으로

$$A_1(x),\ A_2(x),\ \cdots,\ A_n(x)$$

를 x의 유리함수라 할 때 y에 관한 n차방정식

$$y^n+A_1(x)y^{n-1}+\cdots+A_{n-1}(x)y+A_n(x)=0$$

의 해로서 정해지는 함수 y를 x의 대수함수라 한다. 따라서 무리함수는 대수함수의 일종이다.

지수함수와 로그함수

$a > 0,\ a \neq 1$인 수 a를 밑(base)으로 하는 지수함수 a^x와 그 역함수인 로그함수 $\log_a x$의 정의 및 그 성질들에 대해서는 이미 배웠을 것이므로 다시 논하지 않기로 한다.

지수함수와 로그함수 가운데서 특히 초월수 e를 밑으로 하는 대수를 자연로그(natural logarithm)라 한다. 앞으로 $\ln x$는 자연로그 $\log_e x$를 나타내는 것으로 한다.

함수의 극한에 관하여 생각해보자. 함수 $f(x)$가 수 a를 포함하는 어떤 구간에서 a 이외의 모든 x에 대하여 정의되어 있다고 하자. 이때 만일 x를 a에 가까이 가게 할 때 $f(x)$의 값도 어떤 수 b에 한없이 가까이 간다면, "x가 a에 수렴할 때 $f(x)$는 극한값 b에 수렴한다."고 하고 다음과 같이 나타낸다. 즉,

$$x \to a\text{일 때 } f(x) \to b \text{ 또는 } \lim_{x \to a} f(x) = b$$

여기서 $x \to a$일 때의 $f(x)$의 극한값과 $f(a)$는 반드시 같은 것은 아니다. 예를 들면, $f(x) = \dfrac{x^2-1}{x-1}$에서 $f(1)$은 정의되지 않지만 $x \neq 1$일 때 $f(x) = x+1$이므로 $\lim_{x \to 1} f(x) = 2$이다.

특히, x가 a의 왼쪽에서 접근할 때, $x \to a-0$과 같이 나타내고, x가 a의 오른쪽에서 접근할 때에는 $x \to a+0$과 같이 나타낸다.

$x \to a-0$(또는 $x \to a+0$)일 때 $f(x)$가 어떤 수 b에 한없이 접근하면 이 b를 $f(x)$의 a에 있어서의 좌극한값(또는 우극한값)이라 하며

$$\lim_{x \to a-0} f(x) = b \ (\text{또는 } \lim_{x \to a+0} f(x) = b)$$

로 나타낸다. 특히 $a=0$일 때, 각각 $x \to 0-$, $x \to 0+$로 표기한다.

극한값을 구할 때 다음 정리들이 이용된다.

정리 1

$\lim_{x\to a} f(x)=\alpha$, $\lim_{x\to a} g(x)=\beta$이면

(1) $\lim_{x\to a}\{f(x)+g(x)\}=\alpha+\beta$

(2) $\lim_{x\to a} cf(x)=c\alpha$ (c는 상수)

(3) $\lim_{x\to a} f(x)g(x)=\alpha\beta$

(4) $\beta\neq 0$이면 $\lim_{x\to a}\frac{f(x)}{g(x)}=\frac{\alpha}{\beta}$

예제 1 $\lim_{x\to 4}\frac{\ln(x^2)}{x}$을 구하여라.

풀이 $\lim_{x\to 4}\frac{\ln(x^2)}{x}=\frac{\lim_{x\to 4}\ln(x^2)}{\lim_{x\to 4}x}=\frac{2\ln 2}{4}=\frac{\ln 2}{2}$

정리 2

$\lim_{x\to a} f(x)=\infty$, $\lim_{x\to a} g(x)=\beta$일 때

(1) $\lim_{x\to a}\{f(x)+g(x)\}=\infty$

(2) $\lim_{x\to a} cf(x)=\begin{cases}+\infty & (c>0)\\ -\infty & (c<0)\end{cases}$

(3) $\lim_{x\to a} f(x)g(x)=\begin{cases}+\infty & (\beta>0)\\ -\infty & (\beta<0)\end{cases}$

(4) $\lim_{x\to a}\frac{1}{f(x)}=0$

(1)과 (3)은 $\lim_{x\to a} g(x)=\infty$일 때도 성립한다.

참고 정리 1과 정리 2의 결과는 $x\to+\infty$ 또는 $x\to-\infty$인 경우

의 극한값을 생각할 때도 성립한다.

예제 2 다음 극한값을 구하여라.

(1) $\lim_{x \to 0+} \frac{|x|}{x}$ (2) $\lim_{x \to 0} \frac{1-\sqrt{1-x^2}}{x^2}$

풀이 (1) $\frac{|x|}{x} = \begin{cases} 1 & (x>0) \\ -1 & (x<0) \end{cases}$ 이므로 $\lim_{x \to 0^+} \frac{|x|}{x} = \lim_{x \to 0^+} 1 = 1$

(2) $$\lim_{x \to 0} \frac{1-\sqrt{1-x^2}}{x^2} = \lim_{x \to 0} \frac{1-\sqrt{1-x^2}}{x^2} \cdot \frac{1+\sqrt{1-x^2}}{1+\sqrt{1-x^2}}$$

$$= \lim_{x \to 0} \frac{x^2}{x^2(1+\sqrt{1-x^2})}$$

$$= \lim_{x \to 0} \frac{1}{1+\sqrt{1-x^2}} = \frac{1}{2}$$

정리 3

$\lim_{x \to a} f(x) = b \neq 0$이면 a에 충분히 가까운 x에 대하여 $f(x)$는 b와 같은 부호를 갖는다.

증명 생략 ■

정리 4

(1) a를 포함하는 어떤 구간에서 a 이외의 모든 x에 대하여 $f(x) \leq g(x)$이고 $\lim_{x \to a} f(x) = \alpha$, $\lim_{x \to a} g(x) = \beta$이면 $\alpha \leq \beta$이다.

(2) a를 포함하는 어떤 구간에서 a 이외의 모든 x에 대하여 $f(x) \leq h(x) \leq g(x)$이고 $\lim_{x \to a} f(x) = \lim_{x \to a} g(x) = \alpha$이면 $\lim_{x \to a} h(x) = \alpha$이다.

증명 (1) $F(x) = f(x) - g(x)$라 놓자. 가정에 의하여 $x \neq a$이면 $F(x) \leq 0$이고, $\lim_{x \to a} F(x) = \alpha - \beta$이다. 만일 $\alpha - \beta > 0$이라 하면 정리 3에 의하여 a에 충분히 가까운 x에 대하여 $F(x)$는 $\alpha - \beta > 0$과 같은 부호를 가지므로 $F(x) > 0$이다. 이것은 $F(x) \leq 0$에 모순된다. 따라서 $\alpha \leq \beta$가 성립한다.

(2) 생략 ■

정리 5

$y=f(x)$일 때,

$\lim_{x\to a} f(x)=b$, $\lim_{y\to b} g(y)=g(b)$이면 $\lim_{x\to a} g\{f(x)\}=g(b)$이다.

증명 생략 ■

예제 3 $\lim_{x\to 4}\sqrt{x^2+9}$를 구하여라.

풀이 $\lim_{x\to 4}\sqrt{x^2+9}=\sqrt{\lim_{x\to 4}(x^2+9)}=\sqrt{25}=5$

함수의 극한값과 마찬가지로 수열의 극한값을 생각할 수가 있다. 자연수 1, 2, n, $\cdots$의 각각에 대응하여 실수 a_1, a_2, $\cdots$, a_n, $\cdots$이 정해질 때 이것을 수열이라 하고 $\{a_n\}$으로 나타낸다. 따라서 수열은 자연수 전체를 정의역으로 하는 함수로 생각할 수 있다. 그러므로 함수의 극한에서와 같이 수열 $\{a_n\}$에 대해서 $n\to\infty$일 때, $a_n\to a$라면,

$$\lim_{n\to\infty} a_n = a(<\infty)$$

로 쓰고 "수열 $\{a_n\}$은 a에 수렴한다."고 한다. 수렴하지 않는 수열은 "발산한다."고 한다.

예제 4 다음 수열 $\{a_n\}$의 극한을 조사하여라.

(1) $a_n=2^n$ (2) $a_n=\sqrt{n+1}-\sqrt{n}$

풀이 (1) $\lim_{n\to\infty} a_n=\lim_{n\to\infty} 2^n=\infty$

극한값이 존재하지 않는다. 즉 발산한다.

(2) $\lim_{n\to\infty} a_n=\lim_{n\to\infty}(\sqrt{n+1}-\sqrt{n})$

$$=\lim_{n\to\infty}(\sqrt{n+1}-\sqrt{n})\cdot\frac{\sqrt{n+1}+\sqrt{n}}{\sqrt{n+1}+\sqrt{n}}$$

$$= \lim_{n\to\infty} \frac{1}{\sqrt{n+1}+\sqrt{n}} = 0$$

수열 $\{a_n\}$이 다음 조건을 만족할 때 단조증가한다고 한다. 즉

$$a_1 \le a_2 \le \cdots \le a_n \le a_{n+1} \le \cdots$$

또, 모든 n에 대하여 $a_n \le M$인 수 M이 존재할 때 $\{a_n\}$은 위로 유계(bounded)라고 한다. 단조감소, 아래로 유계라는 말도 같은 방식으로 정의된다.

다음 정리는 수열이 수렴하기 위한 충분조건을 말해준다.

정리 6

위로(아래로) 유계인 단조증가(감소)수열은 수렴한다.

증명 생략 ■

정리 7

(1) $a_n = \left(1+\dfrac{1}{n}\right)^n$일 때 수열 $\{a_n\}$은 수렴한다.

이 극한값을 e로 표시한다.

(2) $\displaystyle\lim_{x\to\pm\infty}\left(1+\frac{1}{x}\right)^x = e$

증명 (1) $\{a_n\}$이 단조증가임을 보이기 위하여 다음 항등식을 이용한다.

$$a^{n+1} - b^{n+1} = (a-b)(a^n + a^{n-1}b + \cdots + ab^{n-1} + b^n)$$

$a > b$이면

$$\begin{aligned} &a^n + a^{n-1}b + \cdots + ab^{n-1} + b^n \\ &< a^n + a^n + \cdots + a^n + a^n \\ &= (n+1)a^n \end{aligned}$$

이므로 다음 부등식이 성립한다.

$a > b$이면

$$a^{n+1} - b^{n+1} < (n+1)(a-b)a^n$$

여기서 $a = 1 + \dfrac{1}{n}$, $b = 1 + \dfrac{1}{n+1}$ 이라 놓으면 $a > b$ 이므로

$$\left(1+\frac{1}{n}\right)^{n+1} - \left(1+\frac{1}{n+1}\right)^{n+1} < (n+1)\frac{1}{n(n+1)}\left(1+\frac{1}{n}\right)^n$$
$$= \frac{1}{n}\left(1+\frac{1}{n}\right)^n$$

이항하고 정리하면

$$\left(1+\frac{1}{n}\right)^n < \left(1+\frac{1}{n+1}\right)^{n+1}, \text{ 즉 } a_n < a_{n+1}$$

따라서 $\{a_n\}$은 단조증가수열이다.

다음에 $\{a_n\}$이 위로 유계임을 밝혀보자. 이항정리에 의하면

$$\left(1+\frac{1}{n}\right)^n = 1 + n\left(\frac{1}{n}\right) + \sum_{k=2}^{n} {}_nC_k\left(\frac{1}{n}\right)^k$$

여기서

$${}_nC_k\left(\frac{1}{n}\right)^k = \frac{n(n-1)\cdots(n-k+1)}{k!}\left(\frac{1}{n}\right)^k$$
$$= \frac{1}{k!}\cdot\frac{n}{n}\cdot\frac{n-1}{n}\cdots\frac{n-k+1}{n} < \frac{1}{k!} \ (k \geq 2)$$
$$\frac{1}{k!} = \frac{1}{2\cdot 3\cdots k} < \frac{1}{2\cdot 2\cdots 2} = \frac{1}{2^{k-1}} \ (k \geq 3)$$

임에 유의하면

$$a_n = \left(1+\frac{1}{n}\right)^n < 1 + 1 + \frac{1}{2} + \frac{1}{2^2} + \cdots + \frac{1}{2^{n-1}}$$
$$= 1 + 2\left\{1 - \left(\frac{1}{2}\right)^n\right\} < 3$$

즉 $\{a_n\}$은 위로 유계이다. 따라서 정리 6에 의하여 $\{a_n\}$

은 수렴함을 알 수 있다.

(2) 먼저 $x>0$이라 하자.

$n \le x < n+1$인 음이 아닌 정수 n을 잡으면

$$1+\frac{1}{n} \ge 1+\frac{1}{x} > 1+\frac{1}{n+1}$$

따라서

$$\left(1+\frac{1}{n}\right)^{n+1} > \left(1+\frac{1}{x}\right)^{x} > \left(1+\frac{1}{n+1}\right)^{n}$$

이 성립한다. 그런데

$$\lim_{n\to\infty}\left(1+\frac{1}{n}\right)^{n+1} = \lim_{n\to\infty}\left(1+\frac{1}{n}\right)^{n}\left(1+\frac{1}{n}\right) = e$$

$$\lim_{n\to\infty}\left(1+\frac{1}{n+1}\right)^{n}$$

$$= \lim_{n\to\infty}\left(1+\frac{1}{n+1}\right)^{n+1}\left(1+\frac{1}{n+1}\right)^{-1} = e$$

이며 $n\to\infty$일 때 $x\to\infty$이므로 정리 4(2)에 의하여

$$\lim_{x\to\infty}\left(1+\frac{1}{x}\right)^{x} = e$$

다음에 $x<0$이라 하자. $x=-y$, $y>0$이라 놓으면 $x\to -\infty$일 때 $y\to\infty$이고

$$\left(1+\frac{1}{x}\right)^{x} = \left(1-\frac{1}{y}\right)^{-y} = \left(\frac{y}{y-1}\right)^{y}$$

$$= \left(1+\frac{1}{y-1}\right)^{y-1}\left(1+\frac{1}{y-1}\right) \to e \ (y\to\infty)$$

따라서 $\lim_{x\to-\infty}\left(1+\frac{1}{x}\right)^{x} = e$이다. ■

참고 실제로는 $e=2.71828\cdots$이며, 이것은 무리수이다.

다음 두 극한 값은 앞으로 가끔 이용될 것이다.

(1) $\lim_{x \to 0} \frac{\ln(1+x)}{x} = 1$ (2) $\lim_{x \to 0} \frac{e^x - 1}{x} = 1$

예제 5 정리 7(2)을 이용하여 윗식 (1)과 (2)가 성립함을 보여라.

풀이 (1) $\lim_{x \to 0} \frac{\ln(1+x)}{x} = \lim_{x \to 0} \ln(1+x)^{\frac{1}{x}} = \ln\left\{\lim_{x \to 0}(1+x)^{\frac{1}{x}}\right\}$

여기서 $\frac{1}{x} = t$라 놓으면

$$\ln\left\{\lim_{t \to \pm\infty}\left(1+\frac{1}{t}\right)^t\right\} = \ln e = 1$$

따라서 $\lim_{x \to 0} \frac{\ln(1+x)}{x} = 1$이다.

(2) $\lim_{x \to 0} \frac{e^x - 1}{x}$에서 $e^x - 1 = t$라 놓으면 $e^x = 1 + t$이므로

$$x = \ln(1+t)$$

따라서

$$\lim_{x \to 0} \frac{e^x - 1}{x} = \lim_{t \to 0} \frac{t}{\ln(1+t)} = \lim_{t \to 0} \frac{1}{\frac{\ln(1+t)}{t}} = 1.$$

그러므로 $\lim_{x \to 0} \frac{e^x - 1}{x} = 1$이다.

$f(x)$가 어떤 구간에서 정의되어 있다고 하자. 이 구간 내의 한 점 a에 있어서

$$\lim_{x \to a} f(x) = f(a)$$

가 성립하면 $f(x)$는 $x = a$에서 연속(continuous)이라고 한다.

연속함수들에 대해서 다음 정리가 성립함을 알 수 있다.

정리 1

$f(x)$ 및 $g(x)$가 $x=a$에서 연속이면 다음 각 함수도 $x=a$에서 연속이다.

(1) $\alpha f(x)+\beta g(x)$ (α, β는 상수)

(2) $f(x)g(x)$

(3) $\dfrac{f(x)}{g(x)}$ (단, $g(a)\neq 0$)

정리 2

$f(x)$가 $x=a$에서 연속이고 $f(a)\neq 0$이면 a에 충분히 가까운 x에 대하여 $f(x)$는 $f(a)$와 같은 부호를 갖는다.

정리 3

$t=f(x)$가 $x=a$에서 연속이고 $g(t)$가 $t=f(a)$에서 연속이면 합성함수 $g\{f(x)\}$는 $x=a$에서 연속이다.

$f(x)$가 어떤 구간의 모든 점에서 연속일 때 $f(x)$는 이 구간에서 연속이라 한다. $f(x)$가 어떤 구간에서 연속이면 이 구간에서 $f(x)$의 그래프는 하나의 연결된 곡선으로 된다.

참고 $f(x)$가 폐구간 $[a, b]$에서 연속이라고 할 때, 구간의 끝점 a와 b에 있어서는 $\lim_{x\to a+0} f(x)=f(a)$와 $\lim_{x\to b-0} f(x)=f(b)$가 성립하는 것을 뜻한다.

폐구간에서 연속인 함수의 중요한 성질로서 다음 정리가 있다. 증명 없이 기술하기로 하자.

정리 4

(중간값의 정리) $f(x)$가 폐구간 $[a, b]$에서 연속이고 $f(a)<f(b)$이면 $f(a)<k<f(b)$인 임의의 실수 k에 대하여

$$f(c)=k,\ a<c<b$$

인 c가 적어도 하나 존재한다. $f(a) > f(b)$인 경우도 마찬가지이다.

예제 6 방정식 $x^3+3x-2=0$의 근이 0과 1 사이에 있음을 보여라.

풀이 $f(x)=x^3+3x-2$라고 놓으면 $f(0)=-2$, $f(1)=2$이고 $f(x)$는 $[0, 1]$에서 연속이므로 중간값의 정리로부터 $f(x)=0$인 근 x가 적어도 하나 0과 1 사이에 존재한다.

따라서 방정식 $x^3+3x-2=0$의 근이 0과 1 사이에 존재한다.

정리 5

(최대·최소값의 정리) $f(x)$가 폐구간 $[a, b]$에서 연속이면 $[a, b]$에서 $f(x)$가 최대값을 취하는 점 및 최소값을 취하는 점이 존재한다.

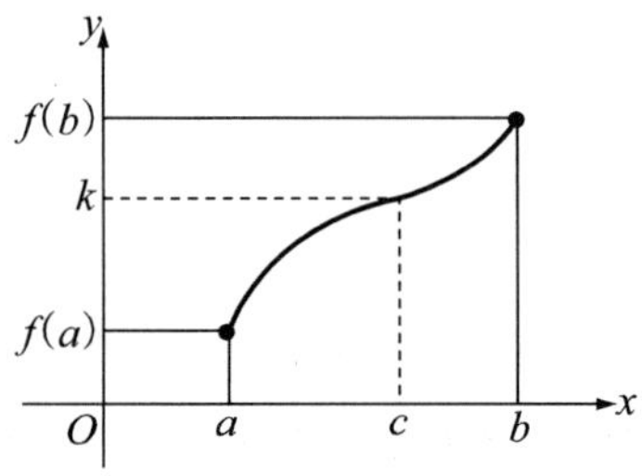

[그림 3.1]

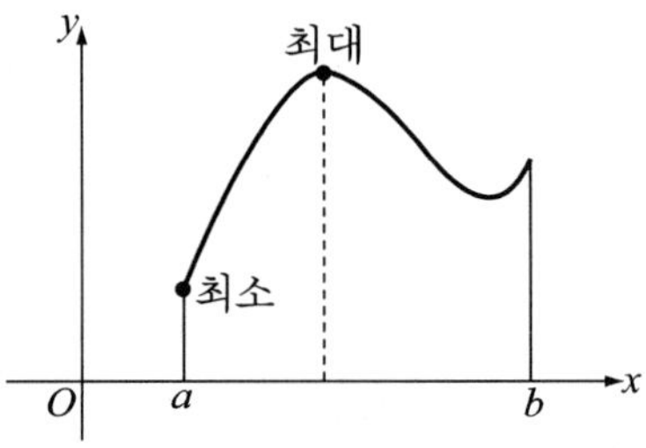

[그림 3.2]

위에 적은 두 정리는 $f(x)$의 그래프가 두 점 $(a, f(a))$, $(b, f(b))$를 맺는 연결된 곡선임을 생각할 때 [그림 3.1]과 [그림 3.2]에서 분명한 것으로 간주될 것이다.

정리 4와 정리 5에서 다음 정리가 얻어진다.

정리 6

$f(x)$가 $[a, b]$에서 연속일 때 $[a, b]$에 있어서의 $f(x)$의 최대값을 M, 최소값을 m이라 하면 $m < k < M$인 임의의 k에 대하여

$$f(c)=k, \ a < c < b$$

인 c가 적어도 하나 존재한다.

3.1 연습문제

1. 다음 극한값을 구하여라.

(1) $\lim_{x\to\infty}\left(\sqrt{x^2+1}-x\right)$ (2) $\lim_{x\to 0-}\frac{\sqrt{x^2}}{x}$

2. $f(x)=\frac{1}{x}$일 때 다음 극한값을 구하여라.

$$\lim_{h\to 0}\frac{f(x+h)-f(x)}{h}$$

3. 다음 극한값을 구하여라.

(1) $\lim_{x\to 1}\frac{x^n-1}{x^m-1}$ (m, n은 자연수)

(2) $\lim_{x\to 0}\frac{1-\sqrt{1-4x^2}}{x^2}$

4. $f(x)=x^2+\frac{x^2}{1+x^2}+\frac{x^2}{(1+x^2)^2}+\cdots+\frac{x^2}{(1+x^2)^n}+\cdots$ 은 $x=0$에서 불연속임을 보여라.

5. 실계수의 홀수차 다항방정식 $x^n+a_1x^{n-1}+\cdots+a_{n-1}x+a_n=0$ (n은 홀수)은 적어도 하나의 실근을 가짐을 증명하여라.

3.2 미분법

미분계수와 도함수

함수 $f(x)$가 a를 포함하는 어떤 구간에서 정의되어 있다고 하자. 이때 극한값

$$\lim_{h \to 0} \frac{f(a+h)-f(a)}{h}$$

가 존재하면 $f(x)$는 $x=a$에서 미분가능(differentiable)이라고 하며, 이 극한값을 $f(x)$의 a에 있어서의 미분계수(differential coefficient)라 부르고 $f'(a)$로 나타낸다. $f(x)$가 a에서 미분가능일 때

$$\frac{f(a+h)-f(a)}{h}=f'(a)+\epsilon, \text{ 곧 } f(a+h)-f(a)=f'(a)h+\epsilon h$$

라 놓으면 $f'(a)$는 h와 관계없고 $\lim_{h \to 0} \epsilon = 0$이 된다. 역으로

$$f(a+h)-f(a)=Ah+\epsilon h \qquad \cdots ①$$

(단, A는 h와 관계없는 상수이고 $\lim_{h \to 0} \epsilon = 0$)

이면 $f(x)$는 $x=a$에서 미분가능이고 $A=f'(a)$이다. 따라서 ①이 성립하는 것은 $f(x)$는 $x=a$에서 미분가능이기 위한 필요충분조건이다.

정리 1

$f(x)$는 $x=a$에서 미분가능이면 $x=a$에서 연속이다.

증명 (1)로부터 $\lim_{h \to 0} f(a+h)=f(a)$이기 때문이다. ■

이 정리의 역은 성립하지 않는다. 즉 $f(x)$가 $x=a$에서 연속이라도 반드시 미분가능인 것은 아니다. 예를 들어 [그림 3.3]을 참조하여라.

[그림 3.3]에서 c에서의 접선이 수직선이면 점 c에서 미분계수가 존재하지 않는다. 이것은

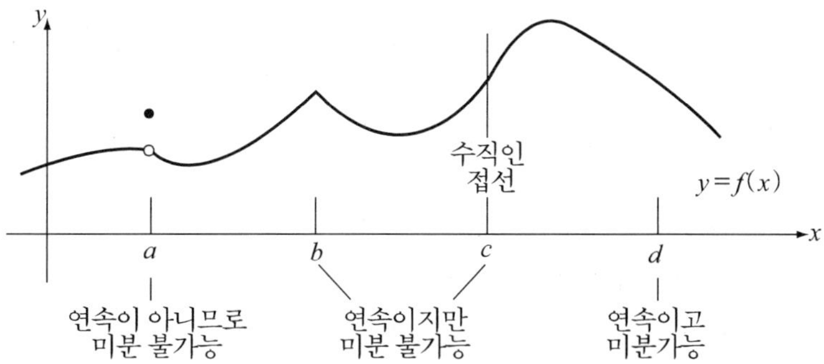

[그림 3.3]

$$\frac{f(c+h)-f(c)}{h}$$

가 $h \to 0$이면 무한히 커지기 때문이다.

또한 a에서의 두 가지 극한값

$$\lim_{h\to 0+}\frac{f(a+h)-f(a)}{h}=f'_+(a),\quad \lim_{h\to 0-}\frac{f(a+h)-f(a)}{h}=f'_-(a)$$

를 구별할 때가 있다. 이 경우 $f'_+(a)$, $f'_-(a)$를 각각 a에 있어서의 우측미분계수, 좌측미분계수라 한다. $f'_+(a)$, $f'_-(a)$가 모두 존재하고 이 두 값이 일치할 때 $f(x)$는 $x=a$에서 미분가능이고 $f'(a)=f'_+(a)$, $=f'_-(a)$가 성립한다.

예제 1 $f(x)=x^2$일 때 $f'(2)$를 구하여라.

풀이 $f'(2)=\lim_{h\to 0}\frac{f(2+h)-f(2)}{h}$

$=\lim_{h\to 0}\frac{(2+h)^2-2^2}{h}$

$=\lim_{h\to 0}(h+4)=4$

예제 2 $f(x)=|x|$일 때 $f'_+(0)$ 및 $f'_-(0)$을 구하여라. 또 이 함수는 $x=0$에서 연속이지만 미분가능이 아님을 보여라.

풀이 $f_+'(0) = \lim_{h \to 0^+} \frac{f(0+h)-f(0)}{h} = \lim_{h \to 0^+} \frac{|h|}{h} = \lim_{h \to 0^+} \frac{h}{h} = 1$이고

$f_-'(0) = \lim_{h \to 0^-} \frac{f(0+h)-f(0)}{h} = \lim_{h \to 0^-} \frac{|h|}{h} = \lim_{h \to 0^-} \frac{-h}{h} = -1$이므로

즉, $f_+'(0) \neq f_-'(0)$으로 $f'(0)$이 존재하지 않으므로 $f(x)=|x|$는 $x=0$에서 미분가능하지 않다.

그러나 $f(x)=|x|$는 $x=0$에서 연속이다.

이제 미분계수의 의미를 기하학적으로 살펴보자. 곡선 $y=f(x)$ 위의 두 점 $A(a,\ f(a))$, $P(a+h,\ f(a+h))$를 잡으면

$$\frac{f(a+h)-f(a)}{h}$$

는 직선 AP의 기울기를 나타낸다. h를 변화시키면 P의 위치가 바뀌고 AP의 기울기도 달라지지만 $h \to 0$일 때, 즉 P를 곡선에 따라서 A에 가까이 접근시킬 때 직선 AP는 기울기가 $f'(a)$인 직선 AT를 곡선 $y=f(x)$의 점 A에 있어서의 접선이라 한다. $f(x)$가 $x=a$에서 미분가능인 것은 곡선 $y=f(x)$상의 점 $(a,\ f(a))$에서 이 곡선에 접선을 그을 수 있음을 의미한다. 이때 $(a,\ f(a))$에 있어서의 접선의 방정식은 다음과 같다.

$$y-f(a)=f'(a)(x-a)$$

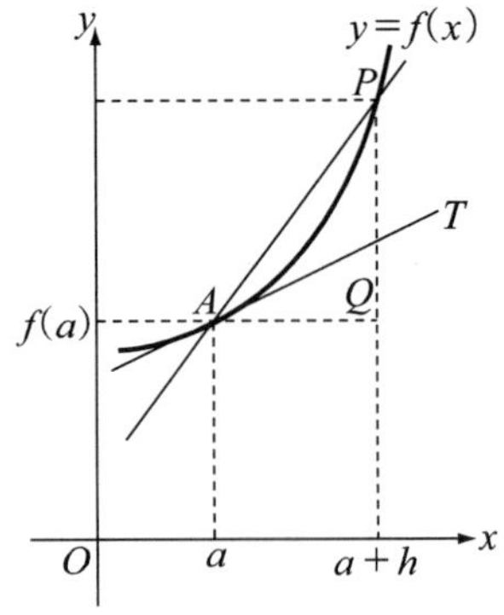

[그림 3.4]

예제 3 곡선 $y=f(x)$ 위의 점 $A(a,\ f(a))$에 있어서 이 곡선의 접선에 수직인 직선을 A에 있어서의 법선이라 한다. A에 있어서의 법선의 방정식을 구하여라.

풀이 곡선 $y=f(x)$ 위의 점 $A(a,\ f(a))$에서 이 곡선의 접선의 방정식은

$$y=f'(a)(x-a)+f(a)$$

이다. 따라서 $A(a,\ f(a))$에서의 법선의 방정식은

$$y=-\frac{1}{f'(a)}(x-a)+f(a)$$

이다.

$y=f(x)$가 어떤 구간의 각 점 x에서 미분가능일 때 $f(x)$는 이 구간에서 미분가능이라고 한다(폐구간 $[a,\ b]$에서 생각하는 경우 끝점 $a,\ b$에서는 각각 $f'_+(a),\ f'_-(b)$만을 생각하는 것으로 한다). 이 경우 각 점 x에 그 점에서의 미분계수를 대응시킴으로써 정해지는 함수를 $f(x)$의 도함수(derivative)라 하고 다음 기호들로 나타낸다.

$$f'(x),\ y',\ \frac{dy}{dx},\ \frac{d}{dx}f(x),\ Dy$$

함수 $f(x)$의 도함수를 구하는 것을 $f(x)$를 미분한다(differentiate)고 한다. 따라서

$$f'(x)=\lim_{h\to 0}\frac{f(x+h)-f(x)}{h}$$

이다. 다음은 우리가 다루는 함수들의 도함수들이다.

미분공식

(1) $\left(x^{\alpha}\right)'=\alpha x^{\alpha-1}$ (단, α는 실수)

(2) $\left(e^{x}\right)'=e^{x}$

(3) $(\ln x)'=\dfrac{1}{x}$

예제 4 위의 미분공식들을 증명하여라. (단, α는 양의 정수일 때만 증명)

풀이 (1) 생략

(2) $$(e^x)' = \lim_{h\to 0}\frac{e^{x+h}-e^x}{h} = \lim_{h\to 0}\frac{e^x(e^h-1)}{h}$$

$$= e^x \cdot \lim_{h\to 0}\frac{e^h-1}{h} = e^x$$

(3) $$(\ln x)' = \lim_{h\to 0}\frac{\ln(x+h)-\ln x}{h}$$

$$= \lim_{h\to 0}\frac{\ln\left(1+\frac{h}{x}\right)}{h}$$

$$= \lim_{h\to 0}\frac{1}{x}\cdot\frac{\ln\left(1+\frac{h}{x}\right)}{\frac{h}{x}}$$

$$= \frac{1}{x}\cdot\lim_{h\to 0}\frac{\ln\left(1+\frac{h}{x}\right)}{\frac{h}{x}}$$

$$= \frac{1}{x}\cdot\lim_{t\to 0}\frac{\ln(1+t)}{t} \quad (\text{여기서 } t=\frac{h}{x}\text{이다})$$

$$= 1$$

도함수에 대해서 다음과 같은 계산법칙이 성립한다. 증명 없이 기술하기로 하자.

정리 1

$u=f(x)$ 및 $v=g(x)$가 미분가능일 때

(1) $(u+v)'=u'+v'$ (2) $(\alpha u)'=\alpha u'$ (α는 상수)

(3) $(uv)'=u'v+uv'$ (4) $\left(\frac{u}{v}\right)'=\frac{u'v-uv'}{v^2}$

정리 2

(합성함수의 도함수) $y=f(t)$, $t=g(x)$가 각각 t, x의 함수로서 미분가능이면 합성함수 $y=f(g(x))$는 x의 함수로서 미분가능이고

$$\frac{dy}{dx} = \frac{dy}{dt} \cdot \frac{dt}{dx}$$

예제 5 다음 함수의 도함수를 구하여라.

(1) $y = \dfrac{3x-5}{x^2+7}$ (2) $y = \left(\dfrac{x^2-1}{x+4}\right)^4$

풀이 (1) $$y' = \frac{(3x-5)'(x^2+7) - (3x-5)(x^2+7)'}{(x^2+7)^2}$$

$$= \frac{3(x^2+7) - (3x-5)2x}{(x^2+7)^2}$$

$$= \frac{-3x^2+10x+21}{(x^2+7)^2}$$

(2) $$y' = 4\left(\frac{x^2-1}{x+4}\right)^3 \cdot \left(\frac{x^2-1}{x+4}\right)'$$

$$= 4\left(\frac{x^2-1}{x+4}\right)^3 \cdot \frac{2x(x+4) - (x^2-1)}{(x+4)^2}$$

$$= \frac{4(x^2-1)^3(x^2+8x+1)}{(x+4)^5}$$

정리 3

(역함수의 도함수) $y = f(x)$가 $x = a$의 근방에서 좁은 뜻의 단조함수라고 하자. $y = f(x)$가 $x = a$에서 미분가능이고 $f'(a) \neq 0$이면 $y = f(x)$의 역함수 $x = g(y)$는 $y = b = f(a)$에서 미분가능이고 다음 정리가 성립한다.

$$g'(b) = \frac{1}{f'(a)}, \quad \frac{dx}{dy} = \frac{1}{\dfrac{dy}{dx}}$$

예제 6 $y = f(x) = \dfrac{x}{1-x}$의 역함수의 도함수를 구하여라.

풀이 $\dfrac{dy}{dx} = \dfrac{1 \cdot (1-x) - x \cdot (-1)}{(1-x)^2} = \dfrac{1}{(1-x)^2}$이다. 정리 3에 의해서

$$\frac{dx}{dy} = 1/\frac{dy}{dx} = (1-x)^2$$

예제 7 $y = f(x) = x^5 + 2x + 1$일 때 $(f^{-1})'(4)$를 구하여라.

풀이 위의 정리 3을 이용하면 $(f^{-1})'(4) = \dfrac{1}{f'(a)}$에서 $f'(a) = 5a^4 + 2$이므로

$$(f^{-1})'(4) = \frac{1}{5a^4 + 2}$$

그런데 $4 = f(a) = a^5 + 2a + 1$에서 $a^5 + 2a - 3 = 0$이므로 $a = 1$이다.
따라서 $(f^{-1})'(4) = \dfrac{1}{7}$이다.

함수값의 변동 상태를 알기 위해서는 그 도함수를 조사하는 것이 유력한 방법이다. 이 절에서는 이에 관한 기본적인 정의를 설명한다.

$f(x)$가 점 $x = a$를 포함하는 어떤 구간에서 정의되어 있다고 하자. a에 충분히 가까운 x에 대하여

$$x < a \text{이면 } f(x) < f(a),\ x > a \text{이면 } f(x) > f(a)$$

일 때, $f(x)$는 a에서 증가의 상태에 있다고 하며

$$x < a \text{이면 } f(x) > f(a),\ x > a \text{이면 } f(x) < f(a)$$

일 때, $f(x)$는 a에서 감소의 상태에 있다고 한다.

또 a에 충분히 가까운 x에 대하여 항상

$$f(x) > f(a),\ f(x)\text{는 } x = a\text{에서 극소}$$
$$f(x) < f(a),\ f(x)\text{는 } x = a\text{에서 극대}$$

로 된다고 하며, $f(a)$를 각각 극대값, 극소값이라 하고 이들을 통틀어 $f(x)$의 극값이라 한다. 또 a에 충분히 가까운 x에 대하여 항상 $f(x) \geq f(a)$(또는 $f(x) \leq f(a)$)일 때 $f(x)$는 $x = a$에서 넓은 뜻의 극소(또는 넓은 뜻의 극대)로 된다고 한다.

정리 1

$f(x)$가 $x = a$에서 미분가능일 때
(1) $f'(a) > 0$이면 $f(x)$는 a에서 증가상태에 있다.

(2) $f'(a) < 0$이면 $f(x)$는 a에서 감소상태에 있다.

(3) $f(a)$가 넓은 뜻의 극값이면 $f'(a) = 0$이다.

증명 (1) $f'(a) = \lim_{x \to a} \dfrac{f(x) - f(a)}{x - a} > 0$이므로 a에 충분히 가까운 x에 대해서는

$$\frac{f(x) - f(a)}{x - a} > 0$$

이 성립한다.

따라서 $x < a$이면 $f(x) < f(a)$, $x > a$이면 $f(x) > f(a)$이므로 $f(x)$는 a에서 증가상태에 있다.

(2) (1)과 같은 방법으로 증명된다.

(3) $f(a)$가 넓은 뜻의 극값일 때는 (1), (2)에 의하여 $f'(a) > 0$으로 되지도 않고 $f'(a) < 0$으로 되지도 않으며, $f(x)$는 미분가능이므로 $f'(a) = 0$이다. ■

위의 정리 1(3)은 $f(x)$가 $x = a$에서 미분가능이라는 조건 아래서만 성립한다. 일반적으로 $f'(a)$가 존재하지 않아도 $x = a$에서 극값을 가질 수도 있다.

[그림 3.5]에서 $x = a,\ b,\ c,\ d$에서는 $f'(x)$가 존재하지 않지만 극값을 갖는다.

일반적으로 $f(x)$의 정의역 안의 x_0에 대해서 $f'(x_0) = 0$이거나 또는 $f'(x_0)$가 정의되지 않을 때 $(x_0, f(x_0))$를 임계점(critical point)이라고 한다. 따라서 극점은 하나의 임계점이 됨을 알 수 있다.

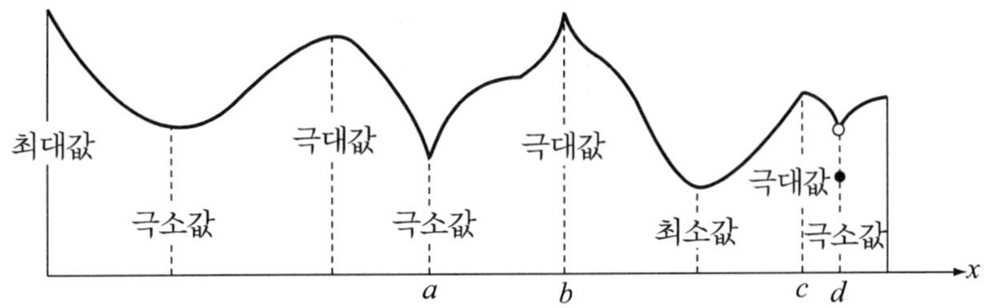

[그림 3.5]

그러나 임계점이 꼭 극점이 될 필요는 없다. 예를 들면, $f(x)=x^3$에 대해서 점 $(0,\ 0)$은 임계점이나 극점은 아니다.

정리 2(일계도함수에 의한 극값판정법)

$f(x)$가 점 $x=a$를 포함하는 어떤 개구간에서 연속이고, a 이외의 점에서 미분가능이고 점 $(a,\ f(a))$가 $f(x)$의 임계점이라고 하자. 이때

(1) $x<a$에서 $f'(x)>0$, $x>a$에서 $f'(x)<0$이면 $f(a)$는 극대값이다.

(2) $x<a$에서 $f'(x)<0$, $x>a$에서 $f'(x)>0$이면 $f(a)$는 극소값이다.

(3) a의 좌우에서 $f'(x)$의 부호가 변하지 않으면 $f(a)$는 극값이 아니다.

증명 생략 ■

예제 8 곡선 $y=x^2+\dfrac{16}{x}$의 극값을 구하고 그래프의 개형을 그려라.

풀이 $y=x^2+\dfrac{16}{x}$을 미분하면

$$y'=2x-\frac{16}{x^2}=\frac{2(x-2)(x^2+2x+4)}{x^2}$$

따라서 $x=0$과 $x=2$에서 임계점을 갖는다. 그러나 이 곡선은 $x=0$에서 정의되지 않으므로 이에 대응하는 임계점은 없다. 이제 $x=2$인 경우만을 살펴보자.

x	$\cdots$	2	$\cdots$
y'	$-$	0	$+$
y	$\searrow$	12	$\nearrow$

따라서 $x=2$에서 극소값 12를 갖는다.

예제 9 $f(x)=x^{\frac{2}{3}}$일 때 $f'(0)$은 존재하지 않으나 $f(0)=0$은 극소값임을

말하여라.

풀이 $f'(x) = \dfrac{2}{3} \cdot x^{-\frac{1}{3}} = \dfrac{2}{3} \cdot \dfrac{1}{\sqrt[3]{x}}$

따라서 $x = 0$은 임계점이다.

x	$\cdots$ 0 $\cdots$
y'	$-$ $+$
y	↘ 0 ↗

따라서 $x = 0$에서 $f(x)$는 극소값 0을 갖는다.

3.2 연습문제

1. $f(x) = \dfrac{x^2+5}{x+1}$일 때, $\lim\limits_{h \to 0} \dfrac{f(1+h) - f(1-h)}{h}$를 구하여라.

2. $f(x) = (\sqrt{x} - 1)^3$일 때, $\lim\limits_{x \to 4} \dfrac{f(x) - f(4)}{x^2 - 16}$를 구하여라.

3. $f(x) = \dfrac{2x-1}{3x+2}$일 때, $f'(1)$을 구하여라.

4. 함수 $y = \dfrac{1}{(1-5x)^3}$의 도함수 $y = f'(x)$에 대하여 $f'\left(\dfrac{2}{5}\right)$를 구하여라.

5. 함수 $f(x) = x^3 + 3x^2 + 3x + 1$의 역함수를 $g(x)$라 할 때, $g'(1)$을 구하여라.

6. 함수 $f(x) = \dfrac{2x}{x+1}$의 역함수를 $g(x)$라 할 때, $g'(1)$을 구하여라. (단, $x > -1$)

7. $x=\dfrac{1+t}{1-t}$, $y=\dfrac{2}{1-t}$일 때, $\dfrac{dy}{dx}$를 구하여라.

8. 함수 $\sqrt{x}+\sqrt{y}=2$에서 $x=1$, $y=1$일 때, $\dfrac{dy}{dx}$를 구하여라. (단, $x>0$, $y>0$)

9. $f(x)=\dfrac{2x}{x^2+1}$의 극값을 구하고 그래프의 개형을 그려라.

10. $f(x)=x\sqrt{1-x^2}$의 극값을 구하고 그래프의 개형을 그려라.

11. 합이 10이 되는 두 수로서 그 각각의 제곱의 합이 최소가 되는 것을 구하라.

12. 100m의 철망을 가지고 아래 그림과 같이 울타리를 쳐서 똑같은 면적의 땅으로 나누려 한다. 땅의 넓이가 최대가 되도록 하려면 어떻게 해야 하는가?

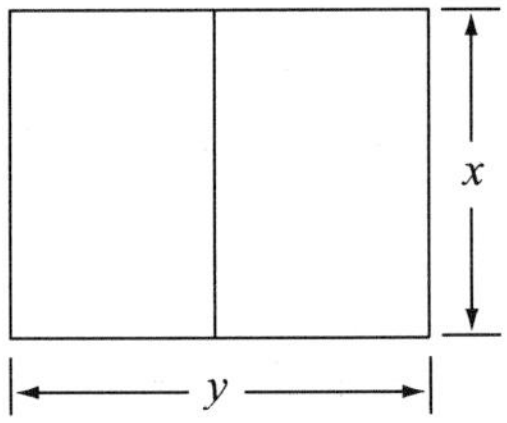

13. $f(x)=\sqrt{x^2+x^3}$의 극값을 구하고 그래프의 개형을 그려라.

3.3 적분법

적분은 미분과는 달리 대상이 되는 함수들의 폭이 매우 적다. 즉, 미분법에서는 정의되는 모든 대수함수들에 대한 도함수를 구할 수 있는 반면에, 적분법에서는 대수함수의 일부분인 유리함수들에 대해서만 모든 적분이 가능하고, 그 이외의 함수들에 대해서는 특별한 경우들만이 적분이 가능하다. 따라서 이 책에서는 주로 미분적분학의 기초 개념의 학습이 목적이므로, 본 절에서는 최종적으로 다항함수나 지수, 로그함수들에 관한 적분으로 귀착될 수 있는 적분만을 다루기로 한다.

부정적분

어떤 구간에서 정의된 함수 $f(x)$에 대하여 이 구간의 모든 x에 관하여

$$F'(x) = f(x)$$

를 만족하는 함수 $F(x)$가 존재할 때 $F(x)$를 $f(x)$의 원시함수(antiderivative) 또는 부정적분(indefinite integral)이라고 한다. $f(x)$가 주어졌을 때에 그 부정적분 $F(x)$를 구하는 것을 $f(x)$를 적분한다고 한다.

$f(x)$의 부정적분을 $\int f(x)dx$로 나타내고 $\int$을 적분기호, $f(x)$를 피적분함수, dx를 적분변수라고 한다. $F(x)$가 $f(x)$의 한 부정적분이면

$$\int f(x)dx = F(x) + C \ (C\text{는 임의의 상수})$$

이다. 윗식의 우변의 C를 적분상수라고 한다. 앞으로 단지 한 부정적분을 계산할 때에는 적분상수 C를 생략하고

$$\int f(x)dx = F(x) \qquad \cdots ①$$

와 같이 쓰기로 하자. 즉, ①과 같이 쓸 때에는 $f(x)$의 무수한 부정적분 가운데에서 그 대표적인 것 하나를 지시하는 것으로 한다.

기본공식

미분법으로부터 다음의 부정적분 공식을 얻는다.

(1) $\int x^k dx = \frac{x^{k+1}}{k+1}$ (단, $k \neq -1$)

(2) $\int \frac{1}{x} dx = \ln|x|$

(3) $\int \frac{f'(x)}{f(x)} dx = \ln|f(x)|$

이 공식은 우변을 미분하면 쉽게 증명된다.

부정적분에서 다음과 같이 기본적인 관계가 성립함을 쉽게 알 수 있다.

α, β를 임의의 상수라 할 때

(3) $\int \{\alpha f(x) + \beta g(x)\} dx = \alpha \int f(x) dx + \beta \int g(x) dx$

한편, $\int f(t) dt = F(t)$일 때 다음이 성립한다.

(4) $\int f(ax+b) dx = \frac{1}{a} F(ax+b)$ $(a \neq 0)$

실제로 $ax+b=t$로 놓으면 $a\,dx = dt$이므로

$$\int f(ax+b)\,dx = \frac{1}{a}\int f(t)\,dt = \frac{1}{a}F(t)$$

따라서

$$\int f(ax+b)\,dx = \frac{1}{a}F(ax+b) \quad (a \neq 0)$$

인 관계를 얻는다.

예제 1 다음 부정적분을 구하여라.

(1) $\int (5x^3 + e^x + 1) dx$ (2) $\int \frac{x^2}{x^3+1} dx$

풀이 (1) $\int (5x^3 + e^x + 1)\,dx = 5\int x^3\,dx + \int e^x\,dx + \int 1\,dx$

$$= \frac{5}{4}x^4 + e^x + x + C \text{ (적분상수)}$$

(2) $\int \frac{x^2}{x^3+1}\,dx = \int \frac{1}{3} \cdot \frac{3x^2}{x^3+1}\,dx$

$$= \frac{1}{3}\int \frac{(x^3+1)'}{x^3+1}\,dx$$

$$= \frac{1}{3}\ln|x^3+1| + C \text{ (적분상수)}$$

치환적분법

복잡한 함수의 적분을 계산할 때 여러 가지 수단이 필요한 경우가 많이 있다. 그중 우선 치환적분법에 관하여 알아보기로 하자.

$$\int f(x)dx = F(x)$$

에서 $x = g(t)$라 놓으면 x는 t의 함수로 바뀌고

$$\frac{d}{dt}F(x) = \frac{d}{dx}F(x) \cdot \frac{dx}{dt} = f(x) \cdot g'(t) = f\{g(t)\} \cdot g'(t)$$

$f\{g(t)\} \cdot g'(t)$가 t에 관하여 연속이면

$$F(x) = \int f(x)dx = \int f\{g(t)\}g'(t)dt \qquad \cdots ②$$

인 관계식을 얻는다.

여기서 $g(t)$를 적당히 잡아서 $f\{g(t)\}g'(t)$가 t의 함수로서 적분이 되는 경우이면, 이 적분을 계산하고 이것을 본래의 변수 x로 환원하면 구하는 부정적분을 얻을 수 있다. 이러한 방법을 치환적분법이라 한다. ②는 x를 $g(t)$로, dx를 $g'(t)dt$로 대입한 결과가 되는 것이다.

예제 2 $\sqrt{x^2+A} = t$라 놓으면 $x^2 + A = t^2$, $2x\,dx = 2t\,dt$, 즉 $x\,dx = t\,dt$이다. 이것을 이용하면 다음과 같은 부정적분의 계산이 가능하다.

(1) $\int \frac{xdx}{\sqrt{x^2+A}} = \int \frac{t\,dt}{t} = t = \sqrt{x^2+A}$

(2) $\int x\sqrt{x^2+A}\,dx = \int t \cdot t\,dt = \frac{t^3}{3} = \frac{1}{3}\left(\sqrt{x^2+A}\right)^3$ ◎

예제 3 $\int \frac{4x^2}{\sqrt{x^3+8}}dx$를 구하여라.

풀이 $x^3+8=t$라 놓으면 $3x^2dx=dt$이므로

$$\int \frac{4x^2}{\sqrt{x^3+8}}dx = \frac{4}{3}\int \frac{dt}{\sqrt{t}} = \frac{4}{3}\cdot 2\sqrt{t} = \frac{8}{3}\sqrt{x^3+8}$$ ◎

예제 4 다음 식을 만족하는 a를 구하시오.

$$\int x(3x^2-1)^4\,dx = \frac{1}{a}(3x^2-1)^5$$

풀이 $\int x(3x^2-1)^4\,dx$에서 $3x^2-1=t$라 놓으면 $6x\,dx=dt$이므로

$$\begin{aligned}\int x(3x^2-1)^4\,dx &= \int \frac{1}{6}t^4\,dt \\ &= \frac{1}{6}\int t^4\,dt \\ &= \frac{1}{6}\cdot\frac{1}{5}t^5+C \\ &= \frac{1}{30}(3x^2-1)^5+C\end{aligned}$$

따라서 $a=30$이다. ◎

부분적분법

두 개의 함수 $u=f(x)$, $v=g(x)$에 대하여 다음이 성립한다.

$$\frac{d}{dx}\{f(x)\cdot g(x)\} = f'(x)\cdot g(x) + f(x)\cdot g'(x)$$

이것을 적분하면

$$f(x) \cdot g(x) = \int f'(x) \cdot g(x)dx + \int f(x) \cdot g'(x)dx$$

따라서

$$\int f(x) \cdot g'(x)dx = f(x) \cdot g(x) - \int f'(x) \cdot g(x)dx \qquad \cdots ③$$

$$\therefore \int u \cdot v'dx = u \cdot v - \int u' \cdot v\,dx$$

좌변의 적분을 구할 수 있는 경우는 우변의 두 번째 항의 적분이 쉽게 계산될 때이다. 윗식을 이용해서 좌변의 적분을 구할 수 있을 때에 이 방법을 부분적분법이라 한다. ③에서, 특히 $g(x) = x$인 경우는

$$\int f(x)dx = x \cdot f(x) - \int x f'(x)dx$$

이다.

예제 5 $\displaystyle\int \frac{x^3}{\sqrt{1-x^2}}dx$를 구하여라.

풀이 $u' = \dfrac{x}{\sqrt{1-x^2}}$, $v = x^2$이라 놓으면 $u = -\sqrt{1-x^2}$, $v' = 2x$이므로

$$\begin{aligned}\int \frac{x^3}{\sqrt{1-x^2}}dx &= \int x^2 \cdot \frac{x}{\sqrt{1-x^2}}dx \\ &= x^2\left(-\sqrt{1-x^2}\right) - \int 2x\left(-\sqrt{1-x^2}\right)dx \\ &= -x^2\sqrt{1-x^2} + \int 2x\sqrt{1-x^2}\,dx\end{aligned}$$

그런데 $1 - x^2 = t$라 놓으면 $-2x\,dx = dt$이므로

$$\int 2x\sqrt{1-x^2}\,dx = -\int \sqrt{t}\;dt = -\frac{2}{3}t^{\frac{3}{2}} = -\frac{2}{3}\sqrt{(1-x^2)^3}$$

따라서

$$\int \frac{x^3}{\sqrt{1-x^2}}dx = -x^2\sqrt{1-x^2} - \frac{2}{3}\sqrt{(1-x^2)^3}$$

예제 6 부정적분 $\int x^2 e^x dx$을 구하여라.

풀이 $\int x^2 \cdot e^x\, dx = x^2 \cdot e^x - \int 2x \cdot e^x\, dx$

$$= x^2 \cdot e^x - 2\left(x \cdot e^x - \int e^x\, dx\right)$$

$$= x^2 \cdot e^x - 2(x \cdot e^x - e^x) + C$$

$$= e^x(x^2 - 2x + 2) + C$$

정적분

$f(x)$는 폐구간 $[a, b]$에서 유계인 함수라 하자. $[a, b]$를 몇 개의 소구간으로 나누는 것을 $[a, b]$의 분할(partition)이라 한다. n을 임의의 자연수라 하고

$$a = x_0 < x_1 < \cdots < x_{n-1} < x_n = b$$

인 $(n-1)$개의 수 $x_1, \cdots, x_{n-1}$을 정하면 $[a, b]$를 n개의 소구간 $[x_{i-1}, x_i]$ $(i = 1, 2, \cdots, n)$로 나누어주는 분할이 결정된다. 이와 같이 하나의 분할이 정해지면 그것을 분할 Δ라 부르기로 한다. 이때 각 x_i를 분할 Δ의 분점이라 한다. 이제

$$x_{i-1} \le \xi_i \le x_i\, (i = 1, 2, \cdots, n)$$

인 n개의 수 ξ_i를 임의로 선정하여 다음과 같은 합을 구성한다.

$$F(\Delta, \xi) = \sum_{i=1}^{n} f(\xi_i)(x_i - x_{i-1})$$

여기서 좌변의 ξ는 n개의 수의 짝$(\xi_1, \xi_2, \cdots, \xi_n)$을 간단히 표현한 것이다. 분할 Δ의 정도를 나타내기 위하여 소구간 $[x_{i-1}, x_i]$의 폭이 최대인 것을 $|\Delta|$인 기호로 나타내자. 즉

$$|\Delta| = \max(x_i - x_{i-1}) = \text{소구간 } [x_{i-1}, x_i]\text{의 폭의 최대값}$$

그러면 어떠한 소구간의 폭도 $|\Delta|$를 넘지 않으므로 $|\Delta|$가 작을수록 분할 Δ는 세분된다고 볼 수 있다. 분할 Δ를 한없이 세분(refinement)할 때, 즉 $|\Delta| \to 0$으로 할 때 식 $F(\Delta, \xi)$가 어떤 일정한 값

A에 한없이 가까워진다면 $f(x)$는 $[a, b]$에서 적분가능(integrable)이라고 하며, 이 일정한 값 A를 $f(x)$의 a로부터 b까지의 정적분(definite integral)이라 부르고

$$A = \int_a^b f(x)\,dx$$

로 나타낸다. 이때 a, b를 각각 이 정적분의 하한, 상한이라고 한다. 그리하여 $f(x)$가 $[a, b]$에서 적분가능이면 $|\Delta| \to 0$일 때 $\xi = (\xi_1, \cdots, \xi_n)$의 선정에 관계없이

$$F(\Delta,\ \xi) \to \int_a^b f(x)\,dx$$

즉

$$\lim_{|\Delta| \to 0} \sum_{i=1}^{n} f(\xi_i)(x_i - x_{i-1}) = \int_a^b f(x)\,dx$$

이다.

이렇게 정의한 $f(x)$의 a로부터 b까지의 정적분은 $f(x)$가 $[a, b]$에서 연속이고 $f(x) \geq 0$이면 합 $F(\Delta, \xi)$는 [그림 3.6]에서 음영 부분의 직사각형 면적의 합을 뜻하고, 만일 $|\Delta| \to 0$일 때 $F(\Delta, \xi)$가 어떤 값 A에 한없이 접근해간다면 이 A는 곡선 $y = f(x)$와 두 직선 $x = a$, $x = b$ 및 x축으로 둘러싸인 부분의 면적을 나타내는 것으로 볼 수 있을 것이다. 그러나 이와 같은 A가 확정 값으로 항상 존재하느냐 하는 것은 일단 검토해야 한다.

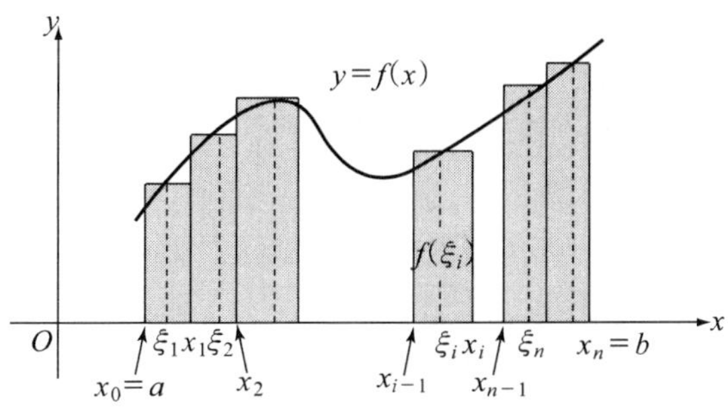

[그림 3.6]

함수의 적분가능성에 관한 다음 정리는 이에 대한 한 가지 답을 준다.

정리 1

$f(x)$가 $[a, b]$에서 연속이면 $[a, b]$에서 적분가능이다.

증명 생략 ■

정적분의 정의로부터 다음 정리를 얻을 수 있다.

정리 2

$f(x)$, $g(x)$가 $[a, b]$에서 적분가능이면 다음이 성립한다.

(1) $\int_a^b \{f(x)+g(x)\}dx = \int_a^b f(x)dx + \int_a^b g(x)\,dx$

(2) α가 상수이면 $\int_a^b \alpha f(x)dx = \alpha \int_a^b f(x)dx$

(3) $[a, b]$에서 항상 $f(x) \geq g(x)$이면

$$\int_a^b f(x)dx \geq \int_a^b g(x)dx$$

특히 $[a, b]$에서 항상 $f(x) \geq 0$이면 $\int_a^b f(x)dx \geq 0$이다.

증명 생략 ■

따름정리

$$\left|\int_a^b f(x)dx\right| \leq \int_a^b |f(x)|\,dx$$

증명 항상 $-|f(x)| \leq f(x) \leq |f(x)|$가 성립하므로 정리 2(3)에 의하여

$$-\int_a^b |f(x)|\,dx \leq \int_a^b f(x)dx \leq \int_a^b |f(x)|dx$$

$$\therefore \left|\int_a^b f(x)dx\right| \leq \int_a^b |f(x)|\,dx \,(a<b)$$

■

정리 3

$f(x)$가 $[a,\ b]$에서 적분가능이면 다음이 성립한다.

$$\int_a^b f(x)dx = \int_a^c f(x)dx + \int_c^b f(x)dx \ (a < c < b)$$

이것도 정적분의 정의에서 쉽게 알 수 있다. 더욱이

$$\begin{aligned}\int_a^b f(x)dx &= \lim_{|\Delta| \to 0} \sum_{i=1}^{n} f(\xi_i)(x_i - x_{i-1}) \\ &= -\lim_{|\Delta| \to 0} \sum_{i=1}^{n} f(\xi_i)(x_{i-1} - x_i) \\ &= -\int_b^a f(x)dx\end{aligned}$$

이므로 정리 3은 $a,\ b,\ c$의 크기의 순서에 관계없이 성립한다.

정리 4

(적분에 관한 평균값의 정리) $f(x)$가 $[a,\ b]$에서 연속이면

$$\int_a^b f(x)dx = (b-a)f(\xi)$$

인 ξ가 a와 b 사이에 적어도 하나 존재한다.

증명 $f(x)$는 $[a,\ b]$에서 연속이므로 $[a,\ b]$에서 $f(x)$의 최대값 M과 최소값 m이 존재한다. 즉

$$m \le f(x) \le M \ (a \le x \le b)$$

그러므로 정리 2(3)에 의하여

$$\int_a^b m\,dx \le \int_a^b f(x)\,dx \le \int_a^b M\,dx$$

그런데

$$\int_a^b m\,dx = \lim_{|\Delta| \to 0} \sum_{i=1}^{n} m(x_i - x_{i-1})$$

$$= m \lim_{|\Delta| \to 0} \sum_{i=1}^{n} (x_i - x_{i-1})$$
$$= m(b-a)$$

마찬가지로

$$\int_a^b M\,dx = M(b-a)$$

따라서

$$m(b-a) \le \int_a^b f(x)dx \le M(b-a)$$
$$m \le \frac{1}{b-a}\int_a^b f(x)dx \le M$$

그러므로 중간값 정리에 의하여

$$\frac{1}{b-a}\int_a^b f(x)dx = f(\xi)$$

즉

$$\int_a^b f(x)dx = (b-a)f(\xi)$$

인 ξ가 a와 b 사이에 적어도 하나 존재한다. ■

참고 $\int_a^b f(x)dx$는 함수 f와 a, b에 의하여 정해지는 값이고 x와는 관계가 없다. 그러므로 적분변수 x를 다른 문자로 바꾸어 놓아도 결과는 마찬가지다. 예를 들면 다음과 같다.

$$\int_a^b f(x)dx = \int_a^b f(t)dt = \int_a^b f(u)du$$

정리 5

$f(x)$가 $[a, b]$에서 연속일 때 $[a, b]$ 내의 x에 대해서 $S(x) =$

$\int_a^x f(t)dt$라고 놓으면 $S'(x) = f(x)$가 성립한다. 즉, $S(x)$는 $f(x)$의 원시함수(부정적분)의 하나이다.

증명 정리 3과 정리 4에 의하여

$$S(x+h) - S(x) = \int_x^{x+h} f(t)dt = hf(\xi)$$

인 ξ가 x와 $x+h$ 사이에 적어도 하나 존재한다. 따라서

$$\frac{S(x+h) - S(x)}{h} = f(\xi)$$

$h \to 0$이라고 하면 $\xi \to x$이므로 윗식에서 $S'(x) = f(x)$임을 알 수 있다. ■

이 정리에 의하면 $[a, b]$에서 연속인 함수는 반드시 부정적분을 갖는다는 것을 알 수 있다. 더욱이 다음 정리에 의하면 정적분과 부정적분과의 관계가 분명해진다.

정리 6

(미적분학의 기본정리) $f(x)$가 $[a, b]$에서 연속이고 $F(x)$를 $f(x)$의 임의의 한 부정적분이라 하면 다음 식이 성립한다.

$$\int_a^b f(x)dx = F(b) - F(a)$$

증명 정리 5에 의하면 $S(x) = \int_a^x f(t)dt$도 $f(x)$의 한 부정적분이다. 따라서 $S(x) = F(x) + C$ (C는 상수)이다. 그런데 $S(a) = \int_a^a f(t)dt = 0$이므로

$$S(a) = 0 = F(a) + C$$

$$\therefore\ C = -F(a)$$

$$\therefore\ S(x) = F(x) - F(a)$$

$$\therefore \int_a^b f(x)dx = \int_a^b f(t)dt = S(b) = F(b) - F(a) \qquad \blacksquare$$

참고 $F(b)-F(a)$를 앞으로 $[F(x)]_a^b$로 표시하기로 하자.

예제 7 $\int_{-2}^{1} \sqrt{x+2}\, dx$를 구하여라.

풀이 $\sqrt{x+2}$의 한 부정적분은 $\frac{2}{3}(x+2)^{\frac{3}{2}}$이므로

$$\int_{-2}^{1} \sqrt{x+2}\, dx = \left[\frac{2}{3}(x+2)^{\frac{3}{2}}\right]_{-2}^{1} = 2\sqrt{3} - 0 = 2\sqrt{3}$$

예제 8 함수 $f(x)$가 $[a,\ b]$에서 연속일 때 다음 함수를 x에 관하여 미분하여라.

$$F(x) = \int_x^b f(t)\, dt$$

풀이 $S(x) = \int_a^x f(t)\, dt$라면 $S(b) = \int_a^b f(t)dt$이고 정리 5에 의해 $S'(x) = f(x)$이다. 따라서

$$\int_a^b f(t)\, dt = \int_a^x f(t)\, dt + \int_x^b f(t)\, dt$$

이므로

$$S(b) = S(x) + F(x).$$

양변을 x에 대하여 미분하면 $0 = S'(x) + F'(x) = f(x) + F'(x)$이다. 그러므로 $F'(x) = -f(x)$이다.

정적분을 계산하는 데는 치환적분법과 부분적분법이 유용한 수단이 된다.

정리 7

(치환적분법) $x=g(t)$일 때, $g'(t)$ 및 $f(x)=f\{g(t)\}$가 $\alpha \le t \le \beta$에서 연속이고 $a=g(\alpha)$, $b=g(\beta)$이면

$$\int_a^b f(x)dx = \int_\alpha^\beta f\{g(t)\}g'(t)\,dt$$

증명 $F(x)$를 $f(x)$의 원시함수라 하면 $F\{g(t)\}$는 $f\{g(t)\}g'(t)$의 원시함수이고, 가정에서 $f\{g(t)\}g'(t)$는 $[\alpha,\ \beta]$에서 연속이므로

$$\int_\alpha^\beta f\{g(t)\}g'(t)dt = [F\{g(t)\}]_\alpha^\beta$$

$$= F\{g(\beta)\} - F\{g(\alpha)\}$$

$$= \int_a^b f(x)dx$$

■

예제 9 정적분 $\int_1^2 \sqrt{2x-1}\,dx$를 구하여라.

풀이 $2x-1=t$라 놓으면 $2\,dx=dt$이므로

$$\int_1^2 \sqrt{2x-1}\,dx = \frac{1}{2}\int_1^3 \sqrt{t}\,dt$$

$$= \frac{1}{2}\left[\frac{2}{3}t\sqrt{t}\right]_1^3$$

$$= \frac{1}{3}(3\sqrt{3}-1).$$

정리 8

(부분적분법) $u=f(x)$, $v=g(x)$일 때, $u'=f'(x)$, $v'=g'(x)$가 $[a,\ b]$에서 연속이면

$$\int_a^b u'v\,dx = [uv]_a^b - \int_a^b uv'\,dx$$

증명 생략 ■

예제 10 다음 정적분을 구하여라.

(1) $\int_2^5 x\sqrt{x^2-4}\,dx$ (2) $\int_1^e \ln x\,dx$

풀이 (1) $x^2-4=t$로 놓으면 $2x\,dx=dt$이므로

$$\begin{aligned}\int_2^5 x\sqrt{x^2-4}\,dx &= \int_0^{21}\frac{1}{2}\sqrt{t}\,dt\\ &= \frac{1}{2}\left[\frac{2}{3}t\sqrt{t}\right]_0^{21}\\ &= \frac{1}{3}(21\sqrt{21}-0)\\ &= 7\sqrt{21}.\end{aligned}$$

(2) $\int_1^e \ln x\,dx = [x\cdot \ln x]_1^e - \int_1^e x\cdot\frac{1}{x}\,dx$

$$= e-[x]_1^e = e-(e-1)=1$$

이제 정적분의 응용으로서 넓이, 부피, 곡선의 길이, 회전체의 겉넓이 등에 관하여 살펴보기로 한다. 여기에 나오는 $f(x)$, $g(x)$ 등의 함수는 모두 그것이 정의되는 구간에서 연속인 것으로 한다.

넓이

$[a, b]$에서 $f(x)\geq 0$일 때 곡선 $y=f(x)$와 두 직선 $x=a$, $x=b$ 및 x축으로 둘러싸인 부분의 면적 S는 다음 정적분에 의하여 주어진다.

$$S=\int_a^b f(x)dx\ (a\leq b)$$

또 $[a, b]$에서 항상 $f(x)\geq g(x)$일 때 두 곡선 $y=f(x)$, $y=g(x)$와 두 직선 $x=a$, $x=b$로 둘러싸인 부분의 면적 S는 다음과 같다.

$$S=\int_a^b\{f(x)-g(x)\}dx$$

예제 11 다음 면적을 구하여라.

(1) $y=-x^2+4$와 $y=\dfrac{1}{4}x^2$으로 둘러쌓인 부분

(2) 곡선 $y^2=-x+4$와 y축 사이의 내부

풀이 (1) 두 곡선 $y=-x^2+4$와 $y=\dfrac{1}{4}x^2$의 교점을 구하면

$$-x^2+4=\frac{1}{4}x^2.$$

$\dfrac{5}{4}x^2=4$이므로 $x=\pm\dfrac{4}{\sqrt{5}}$이다.

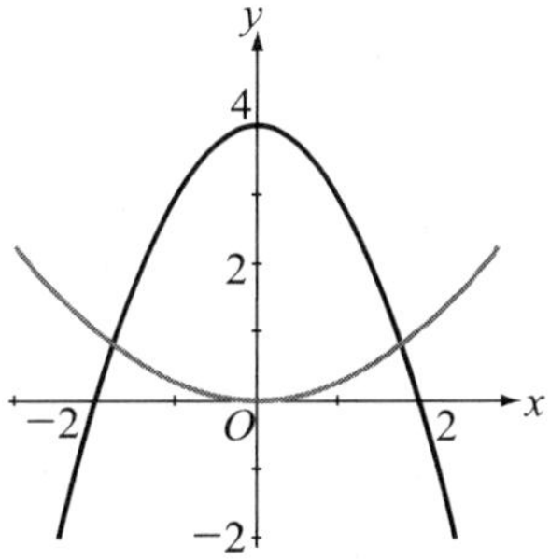

따라서 두 곡선으로 둘러싸인 부분의 면적 S는 다음과 같다.

$$\begin{aligned}S&=\int_{-\frac{4}{\sqrt{5}}}^{\frac{4}{\sqrt{5}}}\left\{(-x^2+4)-\frac{1}{4}x^2\right\}dx\\&=2\int_0^{\frac{4}{\sqrt{5}}}\left(-\frac{5}{4}x^2+4\right)dx\\&=2\left[-\frac{5}{12}x^3+4x\right]_0^{\frac{4}{\sqrt{5}}}\\&=2\left(-\frac{5}{12}\cdot\frac{64}{5\sqrt{5}}+4\cdot\frac{4}{\sqrt{5}}\right)\\&=\frac{24\sqrt{5}}{5}\end{aligned}$$

(2) 곡선 $y^2=-x+4\ (0\le x\le 4)$의 그림은 다음과 같다.

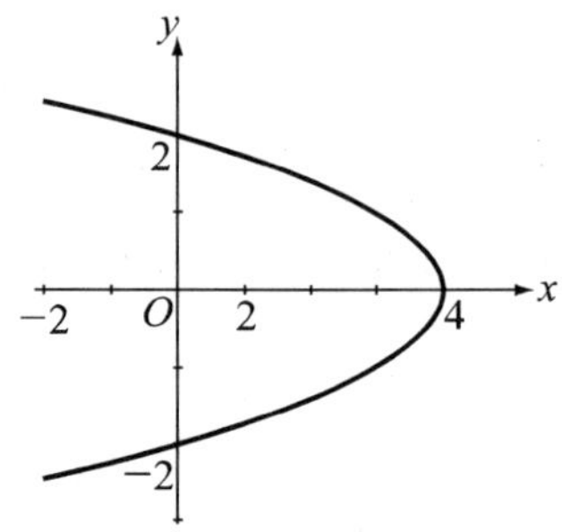

따라서 $S = 2\int_0^2 (-y^2+4)\,dy = 2\left[-\frac{1}{3}y^3+4y\right]_0^2 = \frac{32}{3}$ 이다.

다른 풀이 $S = 2\int_0^4 \sqrt{-x+4}\;dx$

$-x+4=t$라 하면 $-dx=dt$이므로

$$S = 2\int_4^0 -\sqrt{t}\;dt = 2\int_0^4 \sqrt{t}\;dt = 2\left[\frac{2}{3}t\sqrt{t}\right]_0^4 = \frac{32}{3}.$$

부피

[그림 3.7]과 같이 x축상의 점 x에서 x축에 수직인 평면으로 자른 단면적이 $S(x)$인 입체도형의 $a \le x \le b$인 부분의 체적을 다음과 같이 정의한다.

먼저 $[a,\ b]$의 분할

$$\Delta : a = x_0 < x_1 < \cdots < x_{n-1} < x_n = b$$

를 잡고 각 소구간 $[x_{i-1},\ x_i]$ 안에 임의의 점 ξ_i를 취한다. 이때 각 소구간의 ξ 입체를 밑넓이가 $S(\xi_i)$, 높이 $x_i - x_{i-1}$인 원기둥으로 간주하고 그 부피의 합을 구하면

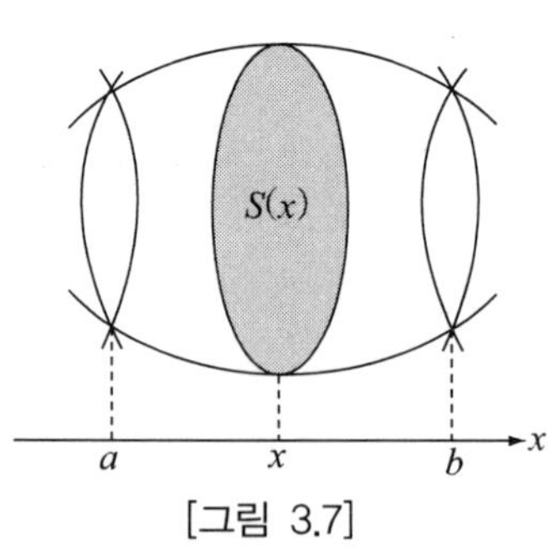

[그림 3.7]

$$\sum_{i=0}^{n} S(\xi_i)(x_i - x_{i-1})$$

과 같이 된다. 만일 분할 Δ를 한없이 세분해갈 때 이 합이

$$V = \int_a^b S(x)dx$$

에 수렴하면 이 V를 구하려는 부피로 정의한다.

회전체의 부피

$[a, b]$에서 항상 $f(x) \geq 0$일 때 평면도형 $y = f(x)\ (a \leq x \leq b)$를 x축을 회전축으로 하여 회전시켜 얻어지는 공간도형의 부피를 V라 하자. 이 경우에 $S(x) = \pi\{f(x)\}^2$이므로 V는 다음 식으로 표시된다.

$$V = \pi \int_a^b \{f(x)\}^2 dx$$

예제 12 곡선 $y = \sqrt{x}\ (0 \leq x \leq 4)$를 x축 둘레로 회전시켜 얻는 회전체의 부피를 구하여라.

풀이 곡선 $y = \sqrt{x}\,(0 \leqq x \leqq 4)$를 x축 둘레로 회전시켜 얻은 회전체의 부피를 V라 하면

$$V = \pi \int_0^4 \sqrt{x}^{\ 2} dx = \pi \int_0^4 x\, dx = \pi \left[\frac{1}{2} x^2 \right]_0^4 = 8\pi.$$

3.3 연습문제

1. 다음 곡선으로 둘러싸인 부분의 넓이를 구하여라.

(1) $y = x^4,\ y = 2x - x^2$

(2) $y = \sqrt{x-4},\ y = 0,\ x = 8$

(3) $y^2 = 4x,\ 4x - 3y = 4$

(4) $y=x-1,\ x=3-y^2$

2. 곡선 $y=3+2x-x^2$과 y축 및 x축으로 둘러싸인 영역을 x축을 회전축으로 하여 회전시킬 때 생기는 회전체의 부피를 구하여라.

3. $y=x^3$과 y축 및 직선 $y=3$으로 둘러싸인 영역을 x축을 회전축으로 하여 회전시킬 때 생기는 회전체의 부피를 구하여라.

4. $y=x^2$과 $y^2=8x$로 둘러싸인 영역을 x축을 회전축으로 하여 회전시킬 때 생기는 회전체의 부피를 구하여라.

5. 타원 $\frac{x^2}{a^2}+\frac{y^2}{b^2}=1$을 x축의 둘레로 회전할 때 생기는 회전체의 부피를 구하여라.

④ 기초 통계학

4.1 통계와 통계학

통계란 제반 자료, 즉 출산율, 사망자 수, 인구수, 경제지표, 여론 조사 결과 등 어떤 집단을 관찰하여 얻어지는 수량적 자료를 말하며, 이를 어떤 계획하에서 어떻게 수집해야 할 것인가?, 어떤 방법으로 분석할 것인가?, 그리고 어떻게 결론을 도출할 것인가?, 이 과정에서 얻어진 결론을 과연 어느 정도 신뢰할 수 있는가? 에 대하여 확률이론을 기초로 한 체계적인 이론과 방법의 지식체계를 통계학이라 한다. 통계적 방법론은 불확실한 상황에서 주어진 자료 및 정보를 최대한 활용하여 당면 문제에 대한 합리적인 의사 결정 및 과학적인 해결 방안을 제시하여 주기 때문에 경제·경영 분야, 교육 분야 등 거의 모든 과학 및 응용 분야에서 매우 중요한 역할을 담당하고 있다.

통계학은 그 이론 체계에 따라 기술통계학(descriptive statistics)과 추측통계학(inferential statistics)으로 구분할 수 있다. 기술통계학이란 통계자료를 분석목적에 알맞게 정리, 요약하여 도표로 나타내거나 또는 평균, 분산 등을 구하여 그 집단의 전반적인 성격을 기술하거나 분석하는 일종의 자료 처리 방법이다. 반면에 추측통계학이란 전체 대상집단의 개체를 낱낱이 조사하고 실험하는 데 막대한 시간 및 경비, 인력이 소요되고 또한 현실적으로 전수조사가 불가능한 경우에 대상모집단으로부터 표본을 추출하여 이 표본으로부터 모집단의 특성을 추측하는 것에 관련된 분야이다. 따라서 기술통계학도 그 나름대로 매우 중요한 내용을 갖고 있으나 현대의 통계 방법론에서는 추측통계학을 중점적으로 다루고 있다.

사회현상에서 통계집단의 특정한 성질을 구하기 위하여 전수조사가 가장 이상적이나 통계집단이 다음과 같은 이유에서, 즉

(1) 무한모집단: 실험실에서 실험의 결과
(2) 조사방법이 파괴적: 통조림의 불량 여부 조사
(3) 노력, 비용을 절약
(4) 시간적인 제약이 있을 때: 금년도 쌀 총 생산량 조사
(5) 통계집단의 개괄적인 특성을 알고 싶을 때

.....

인 경우에는 부득이 표본조사를 해야만 한다. 이때의 특성값을 통계량(statistic)이라 하는데, 이 통계량을 이용하여 모집단의 특성값인 모수(parameter)를 추정하여야 한다.

표본조사 또는 어떤 실험을 통해서 얻어진 통계자료는 흔히 정리되어 있지 않은 숫자들의 집합에 불과하다. 조사의 대상이 되는 현상들에 대해서 추론하거나 의사결정을 위한 기초정보로써 통계자료를 사용하기 위해서는 그 목적에 따라 자료를 정리할 필요가 있다. 이를 위해서는 그 목적에 따라 자료를 정리할 필요가 있다. 즉, 첫째로 도수분포표(frequency table)를 작성하는 것이다. 도수분포표는 수집된 자료를 그들의 값의 크기에 따라 몇 개의 계급으로 나누고 각 계급별로 빈도수와 상대도수를 도표로 나타내는 것이기 때문에 기초자료의 전체적인 유형이나 정보를 매우 쉽게 파악할 수 있다.

[표 4.1] 106일간의 출석상황 (단위 : 명)

146	141	139	140	145	141	142	131	142	140
144	140	138	139	147	139	141	137	141	131
140	140	141	143	134	146	134	142	133	139
140	143	143	149	136	141	143	143	141	140
138	136	138	144	136	145	143	137	142	146
140	148	140	140	139	139	144	138	146	153
148	142	133	140	141	145	148	139	136	141
140	139	158	135	132	148	142	145	145	121
129	143	148	138	149	146	141	142	144	137
153	148	148	138	150	148	138	145	145	142
143	143	148	141	145	141				

[표 4.1]은 어느 벤처기업의 직원 출석상황을 106일간에 걸쳐서 조사 기록한 것이다. 이 표를 기초로 해서 도수분포표를 작성해보기로 하자.

도수분포표를 작성하기 위해서는 먼저 계급의 수를 결정하여야 한다. 계급의 수를 결정하는 특정한 방법은 없으나 일반적으로 5~10개 정도로 정한다. 그러나 자료의 수가 많으면 계급의 수도 그에 따라 많이 정하고 자료의 수가 적으면 계급의 수도 적게 정한다.

[표 4.1]에서는 관찰값이 106개이므로 계급의 수를 10개로 정하기로 한다. 계급수가 결정되면 급간(class interval)과 급한(class limit)을 구하여야 한다. 급간은 계급의 폭으로서 {(자료의 최대값−자료의 최소값)/계급수}로 계산한다. [표 4.1]에서의 최대값은 158이고 최소값은 121이므로, 급간은 $\frac{(158-121)}{10}=3.7$이나 편의상 4로 정한다. 급간은 각 계급의 경계값으로 급하한과 급상한으로 나눈다. 급한은 각 자료가 중복으로 포함되지 않도록 자료의 단위보다 소수점 한 자리 더 많게 정하는 것이 일반적이다. 위의 예에서는 주어진 자료가 정수이므로 급한은 소수점 한 자리값으로 정한다.

계급의 수와 급한이 결정되면 각 계급에 속하는 관찰값의 개수, 즉 도수와 계급의 중앙값인 급중앙값을 구한다. 또한 총 도수에 대한 각 계급도수의 비율인 상대도수와 상대도수를 누적한 누적상대도수도 도수분포표에 포함시킨다. [표 4.2]는 [표 4.1]에 대한 도수분포표이다.

[표 4.2] 출석상황의 도수분포표

계급	급중앙값	도수	상대도수	누적상대도수
119.5~123.5	121.5	1	0.009	0.009
123.5~127.5	125.5	0	0.000	0.009
12.75~131.5	129.9	2	0.019	0.028
131.5~135.5	133.5	7	0.067	0.095
135.5~139.5	137.5	21	0.098	0.293
139.5~143.5	141.5	41	0.387	0.680
143.5~147.5	145.5	19	0.179	0.859
147.5~151.5	149.5	12	0.113	0.972
151.5~155.5	153.5	2	0.019	0.991
155.5~159.5	157.5	1	0.009	1.000
계		106	1.000	

도수분포표는 그 자체로써 자료의 전체적인 유형을 나타내지만, 이것을 그래프로 표시하면 평균 또는 분산 등 자료의 특성을 보다 쉽게 파악할 수가 있다. 이를 도수분포그래프라 한다. 도수분포그래프는 그 형태에 따라 히스토그램(histogram), 도수다각형(frequency polygon), 누적분포그래프(cumulative frequency distribution, ogive)

로 나눌 수 있다.

히스토그램은 급간을 횡축에, 도수를 종축으로 하는 직교좌표에 각 급간별로 도수를 막대모양으로 표시하는 그래프이다.

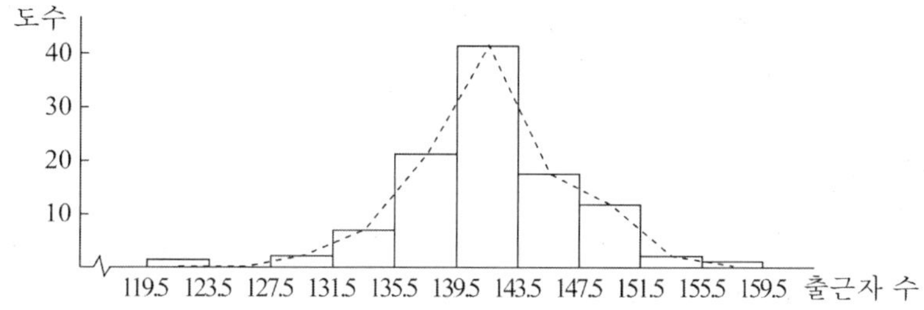

[그림 4.1] 히스토그램 및 도수다각형

[그림 4.1]은 [표 4.1]에 대한 히스토그램을 보여준다.

도수다각형은 [그림 4.1]에서의 접선과 같이 각 계급별 중앙값을 하나의 선으로 연결한 것으로써 개략적인 분포모양을 나타낼 때 흔히 사용한다.

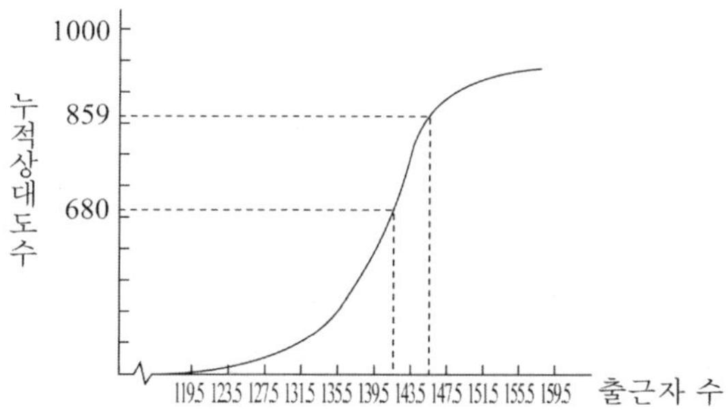

[그림 4.2] 누적상대도수분포그래프(오자이브)

누적상대도수는 [그림 4.2]에서와 같이 누적상대도수분포그래프(이를 오자이브(ogive)선이라고 함)에 의해서 나타낼 수 있는데, 이것은 각 급간에 해당되는 누적상대도수를 연속적으로 연결한 선으로써, 어느 수준 이하의 값을 구할 때 흔히 사용된다.

이제 자료집단을 비교하기 위하여 대표값에 대하여 알아보자.

도수분포표나 도수분포그래프는 자료의 전체적인 유형이나 기초적인 특성을 나타내주는 좋은 방법이지만, 두 개 이상의 자료집단을 비교하기 위해서는 보다 적절한 척도가 필요하다. 자료값 전체를 하나의 수치로 요약하여 대표시킬 때 이를 대표값(average)이라 한다. 대표값에는 산술평균, 기하평균, 조화평균, 중위수, 그리고 최빈값이 있다.

산술평균 : $\overline{X}$

$X_1, X_2, \cdots, X_n$ 을 n 개의 관찰값이라고 하면 산술평균은 $\overline{X}$로 나타내며 다음과 같이 계산한다.

$$\overline{X} = \frac{1}{n}\sum_{i=1}^{n} X_i$$

만일 n 개의 관찰값이 표본에서 얻어진 것이면 $\overline{X}$를 표본평균이라 하고 모집단 전체에서 얻어진 것이면 모평균이라 하여 μ로 표시한다. 일반적으로 산술평균은 분포의 중심점을 매우 잘 나타내어주고, 또한 계산이 용이하기 때문에 통계학에서 가장 많이 사용되는 대표값이다. 또한 보통 평균(mean)이라고 하는 것은 이 산술평균을 의미한다.

기하평균 : G

시간의 흐름에 따라 변하는 통계자료의 평균적인 변화율을 구하고자 할 때 산술평균은 적절치 못한 경우가 있다. 이때 이용하는 것이 기하평균으로 인구변동률, 물가변동률의 대표값으로 적당하다. 기하평균은 계산하기 복잡하기 때문에 상용로그표를 이용하여 계산한다. 즉, 기하평균

$$G = \sqrt[n]{X_1 \cdots X_n}$$

을 계산하는데, $\log G = \frac{1}{n}\sum_{i=1}^{n} \log X_i$ 로써 G를 계산한다.

예제 1 다음 표는 5년간의 물가상승률을 나타낸 것이다. 이 5년간의 상승률

의 기하평균 G를 구하여라.

연간	상승률
1999	1.04
2000	1.06
2001	1.05
2002	1.09
2003	1.16

풀이

x	$\log x$
1.04	0.0170
1.06	0.0253
1.05	0.0212
1.09	0.0374
1.16	0.0645

$\sum \log x = 0.1654$ 이므로 $\log G = \dfrac{0.1654}{5} = 0.03308$ 이다. 따라서 $G = 1.079$ 이다.

조화평균 : H

n 개의 관찰값 $X_1, X_2, \cdots, X_n$ 이 주어졌을 때 조화평균 H는 다음과 같다.

$$H = \frac{n}{\dfrac{1}{X_1} + \dfrac{1}{X_2} + \cdots + \dfrac{1}{X_n}}$$

예제 2 한 꾸러미에 300원씩 하는 달걀을 1,800원어치 사고, 다른 상점에서 한 꾸러미에 360원씩 하는 달걀을 1,800원어치 샀다. 이 사람은 달걀을 한 꾸러미에 평균 얼마씩 산 셈인가?

풀이 이 사람은 3,600원으로 $\dfrac{1800}{300} + \dfrac{1800}{360} = 11$ 꾸러미를 산 것이므로, 한 꾸러미의 평균값은 $\dfrac{3600}{11} = 327.3$ 원이다. 이것을 조화평균으로 구하면

$$\frac{2}{\dfrac{1}{300} + \dfrac{1}{360}} = \frac{2}{\dfrac{11}{1800}} = \frac{3600}{11} \fallingdotseq 327.3\,(\text{원})$$

중위수 : M_e

n 개의 관찰값을 크기순으로 나열했을 때, 중앙에 위치한 관찰값을 중위수(또는 중앙값, median)라 하고 M_e 로 나타낸다. 관찰값의 개수가 홀수이면 $\frac{(n+1)}{2}$ 번째의 관찰값이 중위수가 되고 짝수이면 $\frac{n}{2}$ 번째와 $\left(\frac{n}{2}\right)+1$ 번째 관찰값의 산술평균값이 중위수가 된다. 통계학에서 가장 많이 사용되고 있는 대표값은 산술평균이지만 관찰값 중에 극단적으로 값에 민감하게 좌우되어 대표값으로서 적절하지 못하다. 이런 경우 중위수는 극단적인 값에 크게 영향을 받지 않으므로 종종 대표값으로 이용된다.

최빈값 : M_0

도수가 가장 큰 변량의 값을 최빈값(mode)이라 하고 M_0 로 나타낸다.

예제 3 어느 버스회사에서 지난 일주일 동안 근무한 운전자 중 20명을 임의로 추출하여 이들의 근무시간을 조사한 결과 다음과 같았다. 이들의 산술평균, 중위수, 최빈값을 구하여라.

근무시간(x_i)									
42	45	35	32	40	37	38	30	40	43
33	39	49	40	40	46	39	41	47	41

풀이 산술평균은 다음과 같다.

$$\overline{X} = \frac{1}{20}\sum_{i=1}^{20} x_i = 39.85$$

중위수를 구하기 위해서 먼저 자료를 크기순으로 배열하면

30, 32, 33, 35, 37, 38, 39, 39, 40, 40, 40, 40,
41, 41, 42, 43, 45, 46, 47, 49.

자료의 수가 짝수이므로 10번째 자료와 11번째 자료의 평균값이 중위수이다. 따라서 중위수는 $M_e = (40+40)/2 = 40$ 이다. 또한 가장 빈도가 많이 일어난 값은 40으로 4번의 빈도를 나타낸다. 따라서 40

이 곧 최빈값이다.

분포의 구조를 대표값만으로 표시하는 것은 불충분하다. 왜냐하면 평균값이 같다고 하여도 분포의 형태는 서로 다른 경우가 있기 때문이다. 자료가 대표값의 둘레에 어느 정도 흩어져 있는가를 나타내는 값을 산포도라고 한다. 따라서 산포도는 분포가 어느 정도 퍼져 있는지를 측정하는 척도이다. 산포도에는 범위(range), 평균편차(mean deviation), 분산(variance) 및 표준편차(standard deviation) 등이 있다.

범위 : Q

관찰값 중 최대값과 최소값과의 차를 범위라고 한다. 범위는 산포도의 척도로서 가장 계산이 용이한 통계량을 구할 수 있으나 오직 두 개의 극단적인 관찰값으로 계산된다는 점이 결점이라고 할 수 있다.

평균편차 : M.D.

n개의 관찰값 $X_1, X_2, \cdots, X_n$에서 이들의 산술평균을 $\overline{X}$라고 하면, 평균편차는 M.D.는 다음과 같이 정의된다.

$$\text{M.D.} = \frac{1}{n}\sum_{i=1}^{n} |X_i - \overline{X}|$$

그러나 절대값 기호를 포함하는 식은 수리적으로 다루기가 불편하므로 특별한 경우를 제외하고는 별로 사용하지 않고 대신 다른 산포도를 이용한다.

분산 및 표준편차

분산(σ^2)은 편차의 제곱의 평균으로 정의되며, 분산의 양의 제곱근을 표준편차(σ) 라고 한다. 즉,

$$\sigma^2 = \frac{1}{n}\sum_{i=1}^{n}(x_i - \overline{x})^2$$

$$\sigma = \sqrt{\sigma^2}$$

예제 4 다음은 어떤 회사의 입사시험에 응시한 사람들 가운데서 11명을 추출하여 적성검사한 결과이다. 평균편차, 분산, 그리고 표준편차를 구하여라.

번호	적성검사결과	$\lvert X_i - \overline{X} \rvert$	$(X_i - \overline{X})^2$
1	58	18.5	342.25
2	75	1.5	2.25
3	89	12.5	156.25
4	79	2.5	6.25
5	65	11.5	132.5
6	94	17.5	306.25
7	72	4.5	20.25
8	83	6.5	42.25
9	69	7.5	56.25
10	76	0.5	0.25
11	81	4.5	20.25
합계	841	87.5	1084.75

풀이 표본평균 $\overline{X} = \frac{1}{11}\sum_{i=1}^{11} X_i = \frac{841}{11} = 76.5$

평균편차 $M_d = \frac{1}{11}\sum_{i=1}^{11} \lvert X_i - \overline{X} \rvert = 7.95$

표본분산 $S^2 = \frac{1}{10}\sum_{i=1}^{11} (X_i - \overline{X})^2 = 98.61$

표본표준편차 $S = \sqrt{98.61} = 9.93$

자료의 특성을 나타내는 데 적률(monent)을 이용하면 편리하다. r차 적률을 $\overline{x^r}$로 나타내며 평균 $\overline{x}$에 대한 r차 적률 m_r을 다음과 같이 정의한다.

$$\overline{x^r} = \frac{1}{n}\sum_{i=1}^{n} x_i^r$$

$$m_r = \frac{1}{n}\sum_{i=1}^{n} (x_i - \overline{x})^r$$

이 정의에서 평균 $\overline{x}$는 원점에 관한 1차 적률, 분산 σ^2은 평균 $\overline{x}$

에 관한 2차 적률이다.

또한, 한 분포의 기울어진 방향과 정도를 외도 또는 비대칭도라고 하고 α_3로 나타낸다. 만일 분포곡선의 중심 경향이 오른쪽으로 기울어지면 우비대칭(skewed right)이라 하고, 반대인 경우는 좌비대칭(skewed left)라고 한다. 즉, $\alpha_3 = \dfrac{m_3}{\sigma^3}$로 정의한다.

마지막으로 한 분포의 뾰족한 정도를 첨도라 하고 α_4로 나타내며 다음과 같이 정의한다.

$$\alpha_4 = \frac{m_4}{\sigma^4}$$

도수분포곡선이 뾰족할수록 α_4의 값이 크다.

4.1 연습문제

1. 다음 자료의 평균, 표준편차, 중위수, 최빈값을 구하여라.

2.4, 1.2, 1.4, 2.4, 1.0, 1.8, 3.2, 1.8, 2.4, 3.6

2. 아래 표는 탄광에서 채취한 광물 중 석탄성분의 분석표이다. 평균과 표준편차를 구하여라.

석탄성분(%)	도수
5.5 ~ 5.7	1
5.8 ~ 6.0	4
6.1 ~ 6.3	5
6.4 ~ 6.6	13
6.7 ~ 6.9	30
7.0 ~ 7.2	22
7.3 ~ 7.5	17
7.6 ~ 7.8	10
7.9 ~ 8.1	5
8.2 ~ 8.4	2
8.5 ~ 8.7	1

3. 다음은 어느 교육대학교에서 학생 40명의 수학 기말시험 결과이다. 이 자료에 대하여,

(1) 도수분포표를 작성하여라.

(2) 히스토그램을 그려라.

(3) 누적상대도수분포그래프를 그려라.

(4) 산술평균값, 중위수, 최빈값을 구하여라.

(5) 범위, 평균편차, 분산을 구하여라.

(6) 왜곡도, 피어슨의 계수를 구하여라.

(7) 첨도를 구하여라.

4. 크기 n_1, n_2인 두 자료의 평균을 각각 $\overline{x_1}$, $\overline{x_2}$, 분산은 각각 s_1^2, s_2^2이라 할 때, 이 두 자료를 합병한 것의 평균을 $\overline{x}$, 분산은 s^2이라 할 때 다음을 증명하여라.

(1) $\overline{x} = \dfrac{n_1\overline{x_1} + n_2\overline{x_2}}{n_1 + n_2}$

(2) $s^2 = \dfrac{n_1 s_1^2 + n_2 s_2^2 + n_1(\overline{x_1} - \overline{x})^2 + n_2(\overline{x_2} - \overline{x})^2}{n_1 + n_2}$

4.2 상관과 회귀

지금까지 우리는 학생들의 키나 체중 등 단 하나의 변량만을 살펴보았다. 이 절에서는 학생의 키와 체중 등과 같이 두 개의 변량 X, Y를 동시에 생각하기로 한다.

n개의 자료의 쌍 $(x_1,\ y_1),\ (x_2,\ y_2),\ \cdots,\ (x_n,\ y_n)$을 좌표로 갖는 점을 직교좌표에 나타낸 그래프를 상관도(scatter diagram)라고 한다. 이 상관도에서 알 수 있는 것은 상관도상의 점은 어떤 함수관계 $y=f(x)$에 의하여 표시되는 그래프상에 있지 않다. 예를 들면, 키 X가 정해지면 체중 Y가 정해지는 것이 아니기 때문에 X와 Y 사이에는 함수관계가 있다고 생각할 수 없다. 그러나 키 X가 증가하면 체중 Y도 대체로 증가하는 경향이 있으므로 키와 체중 사이에는 어떤 관계가 있다고 할 수 있다. 이와 같이 두 개의 변량 X, Y에 있어서 한쪽의 변화와 다른 쪽의 변화 사이에 어떤 관계가 있을 때 X와 Y 사이에는 상관관계(correlation)가 있다고 한다.

점들이 어떤 직선 주위에 밀접해있고 그 직선의 방향도함수가 양일 때 변량 X, Y 사이에는 양의 상관(positive correlation)이 있다고 한다. 마찬가지로 음의 상관(negative correlation)도 생각할 수 있다. 점이 어떤 경향을 나타내지 않고 각 방향으로 고르게 흩어져 있을 때는 변량 X, Y 사이에는 상관관계가 없다고 한다.

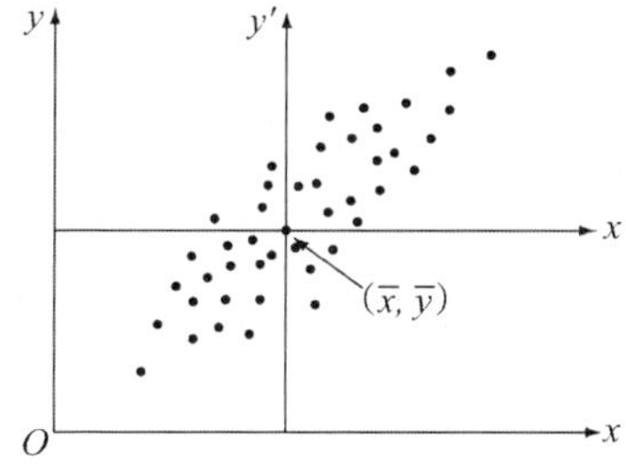

[그림 4.3] $(\bar{x},\ \bar{y})$를 원점으로 하는 좌표계에 있어서의 상관도

변량 X, Y의 평균을 각각 $\bar{x}$, $\bar{y}$로 나타내면

$$\bar{x}=\frac{1}{n}\sum_{i=1}^{n}x_i,\ \ \bar{y}=\frac{1}{n}\sum_{i=1}^{n}y_i$$

이 평균값 $\bar{x}$, $\bar{y}$를 좌표로 하는 점 $(\bar{x}, \bar{y})$는 상관도의 점의 대표점으로 되어 상관도의 점이 이 점 주위에 밀접되어 있다. 이 점에 좌표원점을 옮기는 평행이동

$$x' = x-\bar{x},\ \ y'=y-\bar{y}$$

를 실시하면 점 (x_i, y_i)의 좌표는 (x_i', y_i')으로 된다. 점 (x_i, y_i')이 새로운 좌표의 제1, 제3상한에 있을 때는 곱 $x_i' \cdot y_i'$은 양이고, 제2, 제4상한에 있을 때는 곱 $x_i' \cdot y_i'$은 음이 된다. 즉 양의 상한인 경우는 $\sum_{i=1}^{n}x_i'y_i' > 0$이고, 음의 상한인 경우는 $\sum_{i=1}^{n}x_i'y_i' < 0$이다. 이와 같이 상관 상태는 곱 $x_i' \cdot y_i'$, $\sum_{i=1}^{n}x_i'y_i'$ 또는 $\frac{1}{n}\sum_{i=1}^{n}x_i'y_i'$의 값으로 나타낼 수 있다. 그런데 이들 값은 X, Y의 측정 단위에 관계되기 때문에 상관 정도를 표시하는 데 적당하지 않다. 측정 단위에 무관하기 위하여 값 x_i', y_i'을 X, Y의 표준편차

$$\sigma_x = \sqrt{\frac{1}{n}\sum(x_i-\bar{x})^2},\ \ \sigma_y = \sqrt{\frac{1}{n}\sum(y_i-\bar{y})^2}$$

으로 나눈 값 $\frac{x_i'}{\sigma_x}$, $\frac{y_i'}{\sigma_y}$을 생각한다. 이들의 곱 $\frac{x_i'}{\sigma_x} \cdot \frac{y_i'}{\sigma_y}$들의 평균값

$$\frac{1}{n}\sum\left(\frac{x'_i}{\sigma_x}\right)\left(\frac{y'_i}{\sigma_y}\right)=\frac{1}{n}\sum\left(\frac{x_i-\bar{x}}{\sigma_x}\right)\left(\frac{y_i-\bar{y}}{\sigma_y}\right)$$

를 변량 X, Y 사이의 상관계수(correlation coefficient)라 하고 r로 나타낸다. 즉,

$$r=\frac{\frac{1}{n}\sum(x_i-\bar{x})(y_i-\bar{y})}{\sigma_x \cdot \sigma_y}$$

이제 $X_i = \dfrac{x_i - \overline{x}}{\sigma_x}$, $Y_i = \dfrac{y_i - \overline{y}}{\sigma_y}$ 라 하면

$$r = \frac{1}{n}\sum X_i Y_i$$

가 된다. 또한

$$\frac{1}{n}\sum X_i^2 = \frac{1}{n}\sum\left(\frac{x_i - \overline{x}}{\sigma_x}\right)^2 = \frac{\sigma_x^2}{\sigma_x^2} = 1$$

이고, 마찬가지로 $\frac{1}{n}\sum Y_i^2 = 1$ 이므로 다음 식이 성립한다.

$$\begin{aligned}\frac{1}{n}\sum(X_i \pm Y_i)^2 &= \frac{1}{n}\sum X_i^2 \pm 2 \cdot \frac{1}{n}\sum X_i Y_i + \frac{1}{n} Y_i^2 \text{ (복호동순)} \\ &= 2(1 \pm r)\end{aligned}$$

이 등식의 좌변은 음이 되지 않으므로 부등식

$$-1 \leq r \leq 1$$

이 성립한다. 다시 $r = 1$이면 모든 i에 대하여 $X_i = Y_i$인 경우, 즉 $\dfrac{x_i - \overline{x}}{\sigma_x} = \dfrac{y_i - \overline{y}}{\sigma_y}$ 인 때에 한한다. 또 $r = -1$인 경우, 모든 i에 대하여 $X_i = -Y_i$인 때, 즉 $\dfrac{x_i - \overline{x}}{\sigma_x} = -\dfrac{y_i - \overline{y}}{\sigma_y}$ 일 때이다.

그런데 $r = \pm 1$인 경우는 모든 점이 일직선상에 있는 것으로서 극단적인 경우이다. 그러므로, 보통의 경우에는

$$-1 < r < 1$$

이다. 위의 사실을 종합하면 상관도상의 점이 양의 상관에서 거의 직선으로 되어 있으면 $r \fallingdotseq 1$이고, 음의 상관에서 거의 직선으로 되어 있으면 $r \fallingdotseq -1$이 되고, 상관이 없는 경우에는 $r \fallingdotseq 0$이 된다.

상관도의 점이 밀접되어 있다고 가상되는 직선, 즉 두 변량 X, Y 사이에 직선적인 관계가 예상되는 경우에는 그들 점들을 대표할 수 있는 직선 $y = ax + b$를 구할 필요가 있다. 그래서 $x_i\,(i = 1, 2, \cdots, n)$에 대응하는 자료값 y_i와 $x_i\,(i = 1, 2, \cdots, n)$에 대응하는 직

선 $y = ax + b$ 상의 Y값 $y'_i = ax_i + b$ 와의 차의 제곱의 합

$$S = \sum_{i=1}^{n}(y_i - y'_i)^2 = \sum_{i=1}^{n}(y_i - (ax_i + b))^2 \qquad \cdots ①$$

을 최소로 하는 a, b 의 값을 구하면 된다.

직선을 이와 같은 방법으로 구하는 것을 최소제곱법(least square method)이라 한다. ①을 전개하여 b 에 대하여 정리하면

$$\begin{aligned} S &= nb^2 + 2b(a\sum x_i - \sum y_i) + c \\ &= n\left[\left(b + \frac{2(a\sum x_i - \sum y_i)}{2n}\right)^2 + \frac{(2(a\sum x_i - \sum y_i))^2 - 4nc}{4n^2}\right] \end{aligned}$$

여기서, c는 b를 품지 않는 상수이다. 따라서

$$b = \frac{1}{n}(\sum y_i - a\sum x_i) \qquad \cdots ②$$

일 때 S는 최소가 된다. 마찬가지 방법으로 S를 a에 대하여 정리하면

$$S = a^2\sum x_i^2 + 2a(b\sum x_i - \sum x_i y_i) + c'$$

여기서, c'은 a를 품지 않는 상수이다. 따라서

$$a = \frac{1}{\sum x_i^2}(\sum x_i y_i - b\sum x_i) \qquad \cdots ③$$

일 때 S는 최소가 된다. 따라서 ②와 ③에서

$$\begin{cases} \sum x_i \cdot a + n \cdot b = \sum y_i & \cdots ⓐ \\ \sum x_i^2 \cdot a + \sum_i \cdot b = \sum x_i y_i & \cdots ⓑ \end{cases}$$

의 근 a, b를 구하면 된다. 따라서 위의 연립방정식으로부터

$$\begin{cases} a = \dfrac{\sigma_{xy}}{\sigma_{xx}} \\ b = \overline{y} - a\overline{x} \end{cases}$$

따라서 $y = ax + b$는 다음과 같다.

$$y = \frac{\sigma_{xy}}{\sigma_{xx}}(x - \overline{x}) + \overline{y} \qquad \cdots ④$$

통계자료의 상관도상의 점의 집합을 대표하는 직선을 회귀직선(regression line), 그 기울기를 회귀계수(regression coefficient)라 하고 ④와 같이 y를 종속변수, x를 독립변수로 나타낸 회귀직선을 x에 관한 y의 회귀직선(regression line of y on x), 그 기울기 b를 x에 관한 y의 회귀계수(regression coefficient of y on x)라고 한다. 마찬가지로 y에 관한 회귀직선을 다음과 같이 구할 수 있다.

$$x = \frac{\sigma_{xy}}{\sigma_{yy}}(y - \overline{y}) + \overline{x}$$

예제 1 아래 표는 10명의 학생의 수학성적과 영어성적이다.

번호	1	2	3	4	5	6	7	8	9	10	계
수학성적(x)	5	10	2	6	7	6	8	4	7	5	60
영어성적(y)	8	10	4	8	6	7	8	5	9	5	70

(1) 수학성적 x와 영어성적 y 사이의 상관계수를 구하여라.

(2) 수학성적 x에 관한 영어성적 y의 회귀직선의 방정식을 구하여라.

풀이 (1)

x_i	y_i	$(x_i - \overline{x})^2$	$(y_i - \overline{y})^2$	$(x_i - \overline{x})(y_i - \overline{y})$
5	8	1	1	−1
10	10	16	9	12
2	4	16	9	12
6	8	0	1	0
7	6	1	1	-1
6	7	0	0	0
8	8	4	1	2
4	5	4	4	4
7	9	1	4	2
5	5	1	4	2
60	70	44	34	32

$$\bar{x}=\frac{1}{n}\sum x_i=\frac{60}{10}=6,\ \ \bar{y}=\frac{1}{n}\sum y_i=\frac{70}{10}=7$$

$$\sigma_x=\sqrt{\frac{1}{n}\sum(x_i-\bar{x})^2}=\sqrt{4.4}=2.10$$

$$\sigma_y=\sqrt{\frac{1}{n}\sum(y_i-\bar{y})^2}=\sqrt{3.4}=1.84$$

$$\frac{1}{n}\sum(x_i-\bar{x})(y_i\bar{y})=3.2$$

따라서

$$r=\frac{\frac{1}{n}\sum(x_i-\bar{x})(y_i-\bar{y})}{\sigma_x\cdot\sigma_y}=\frac{3.2}{2.10\times1.84}=0.83$$

(2) $\bar{x}=6,\ \bar{y}=7,\ \sigma_{xy}=32,\ \sigma_{xx}=44$이므로

$$y=\frac{\sigma_{xy}}{\sigma_{xx}}(x-\bar{x})+\bar{y}=\frac{32}{44}(x-6)+7$$
$$=0.727x+2.64$$

4.2 연습문제

1. 다음 표는 어느 고등학생 20명의 수학성적과 물리성적을 나타낸 것이다. 수학과 물리의 상관계수를 구하여라. 단, 소수점 아래 둘째 자리까지 구하여라.

번호	1	2	3	4	5	6	7	8	9	10	11	12	13	14	15	16	17	18	19	20
수학 (x)	25	55	72	30	90	59	10	20	50	15	83	46	70	82	52	15	92	88	58	63
물리 (y)	32	50	80	37	90	60	15	18	62	23	86	52	72	67	45	13	75	84	56	70

2. 다음 표는 중학교 1학년 여학생 15명의 던지기 기록(x)과 체중(y)

의 관계이다. x 와 y 의 상관계수를 소수점 아래 둘째 자리까지 구하여라.

번호	1	2	3	4	5	6	7	8	9	10	11	12	13	14	15
던지기	14	10	12	10	13	14	9	9	9	9	9	15	12	14	12
체중	36	38	28	57	46	42	38	44	31	36	37	37	35	40	55

4.3 확률의 기본개념

이 절에서는 기술통계학과 추측통계학의 교량적 역할을 하는 확률에 대한 기본적인 개념과 분포함수에 대하여 알아보자.

자연현상이나 사회현상 같은 원인과 조건하에서 일어나는 결과는 우연에 좌우되는 경우가 대다수이다. 우연적으로 일어나는 일에 대하여 이것이 일어나는 데 어느 정도의 기대를 걸 수 있는가를 수량적으로 나타내는 측도를 확률(probability)이라고 한다. 즉, 확률이란 어떤 통계실험의 결과에 의해 발생하는 여러 가지 현상의 발생가능성을 측정한 것으로 0부터 1 사이의 값이다. 따라서 확률의 개념을 이해하고 간단한 확률값을 구하기 위해서는 먼저 실험의 결과에 의해 발생하는 여러 가지 경우의 수를 구하는 것이 필요하다.

결과가 우연에 좌우되는 현상을 실현시키는 행위를 시행이라 한다. 한 시행의 결과 일어날 수 있는 모든 경우의 집합을 표본공간(sample space)이라 하며, 표본공간의 각 원소를 표본점(sample point), 표본공간의 부분집합을 사건(event)이라 한다.

확률의 정의

1. 한 사건에서 일어날 수 있는 경우의 수가 n가지이고 어느 두 경우도 겹쳐서 일어나지 않으며, 또 각 경우가 동등하게 일어날 수 있을 때, 이중 x가지 경우로 이루어진 사건 A가 일어날 확률 $P(A)$는

$$P(A) = \frac{x}{n}$$

라고 정의한다.

2. 어느 영역 R 안의 모든 점에서 동등하게 일어나는 사건 중 어떤 사건 A가 R의 부분영역 R_A에서 일어난다고 한다. 이때 A가 일어날 확률 $P(A)$는

$$P(A) = \frac{m(R_A)}{m(R)}$$

라고 정의한다. 단 $m(R_A)$, $m(R)$은 각각 R_A, R의 측도(즉, 길이, 넓이 부피 등)이다.

3. 일정한 조건하에서 시행을 n회 반복했을 때, 사건 A가 x회 일어났다고 한다. n을 크게 할수록 상대도수 $\frac{x}{n}$가 어떤 일정한 값 p에 접근하면, 즉

$$\lim_{n\to\infty}\frac{x}{n}=p$$

이면, p를 사건 A의 확률이라고 한다.

확률의 정의 1은 표본공간의 크기가 무한대이거나 연속변량의 경우에는 맞지 않으므로 이 정의를 확장해야 한다. 그래서 정의 2를 생각하게 된다. 다시 정의 1, 2는 동등하게 일어나는 조건이 필요하다. 그러나 보통 자연현상이나 사회현상에서는 동등하게 일어나는 현상이 드물 뿐만 아니라 동등하게 일어나는 여부를 객관적으로 판정하는 근거도 매우 희박하다. 따라서 정의 3을 생각하게 된다. 그래서 정의 1, 2를 수학적 확률 또는 선험적 확률이라고 하는 반면에 정의 3을 통계적 확률 또는 경험적 확률이라고 한다.

예제 1 하나의 동전을 두 번 던지는 시행에서 앞면을 H, 뒷면을 T로 나타내고, 첫 번째 앞면, 두 번째 뒷면이 나오면 (H, T)로 표시하자. 이때 적어도 한 번은 앞면이 나올 확률을 구하여라.

풀이 이 시행에서 표본공간 S는

$$S=\{(H, H), (H, T), (T, H), (T, T)\}$$

이고, 적어도 한 번 앞면이 나오는 사상 A는 다음과 같다.

$$A=\{(H, H), (H, T), (T, H)\}$$

따라서 확률은 $\frac{3}{4}$이다.

두 사상 A, B에 대하여 A 또는 B가 일어나는 사상을 A와 B

의 합사상(union)이라 하고 $A \cup B$로 표시하며, A와 B가 동시에 일어나는 사상을 A와 B의 곱사상(intersection)이라 하고 $A \cap B$로 표시한다. 두 사상 A, B에 대하여 $A \cap B = \varnothing$일 경우 A와 B는 서로 배반이라 한다. 또한 어떤 사상 A에 대하여 A가 일어나지 않는 사상을 A의 여사상이라 하며 $\overline{A}$로 표시한다.

예를 들어, 하나의 주사위를 던지는 시행에서 홀수의 눈이 나오는 사상 $A = \{1, 3, 5\}$와 짝수의 눈이 나오는 사상 $B = \{2, 4, 6\}$은 $A \cap B = \varnothing$이므로 A와 B는 서로 배반사상이다. 또한 A의 여사상은 B이고, B의 여사상은 A이다.

예제 2 어떤 공장에서 생산되는 제품을 계속 검사한 결과 아래와 같았다. 이때 불량률에 대한 통계적 확률을 구하여라.

검사횟수	불량품 개수	상대도수
100	23	0.230
500	100	0.200
1000	197	0.197
5000	985	0.197
10000	2004	0.202

풀이 주어진 표에서 보듯이, n이 커짐에 따라서 상대도수 $\frac{r}{n}$은 0.2에 접근하므로 불량률에 대한 통계적 확률은 0.2이다.

확률은 다음과 같은 성질을 만족한다.

확률의 성질

(1) 임의의 사상 A에 대하여

$$0 \leq P(A) \leq 1$$

(2) 표본공간 S에 대한 확률은

$$P(S) = 1$$

(3) 만일 $A_1, A_2, \cdots, A_n$이 서로 배반이라면

$$P(A_1 \cup A_2 \cup \cdots \cup A_n) = P(A_1) + P(A_2) + \cdots + P(A_n)$$

이러한 기본적인 성질을 토대로 다음과 같은 확률의 법칙을 얻을 수 있다.

(4) 사상 A가 일어나지 않을 확률은

$$P(\overline{A}) = 1 - P(A)$$

(5) 공사상 $\varnothing$이 일어날 확률은

$$P(\varnothing) = 0$$

(6) 두 사상 A, B에 대하여 A가 B의 부분집합이면

$$P(A) \le P(B)$$

(7) 두 사상 A, B의 합사상의 확률은

$$P(A \cup B) = P(A) + P(B) - P(A \cap B)$$

예제 3 어느 한 학생이 국어시험에 합격할 확률은 $\frac{2}{3}$이고 수학시험에 합격할 확률은 $\frac{4}{9}$라고 하자. 이때 한 과목에 합격할 확률이 $\frac{4}{5}$라면 이 학생이 두 과목에 모두 합격할 확률은 얼마인가?

풀이 A와 B를 각각 국어와 수학시험에 합격할 사상이라 하면 두 과목 모두 합격할 확률은 $P(A \cap B)$로 나타낼 수 있다. 따라서

$$\begin{aligned} P(A \cup B) &= P(A) + P(B) - P(A \cap B) \\ &= \frac{2}{3} + \frac{4}{9} - \frac{4}{5} = \frac{14}{45} = 0.31 \end{aligned}$$

확률이 0이 아닌 두 사상 A, B에 대하여, 사상 A가 일어났다는 가정하에서 사상 B가 일어날 확률은 A가 일어났을 때의 B의 조건확률(conditional probability)이라 하며 $P(B|A)$로 나타내면 다음과 같다.

$$P(B|A) = \frac{P(A \cap B)}{P(A)} \quad (\text{단, } P(A) > 0)$$

조건확률의 정의에서

$$P(A \cap B) = P(A) \cdot P(B|A)$$

가 성립하며, 또 A와 B를 서로 바꾸면

$$P(A \cap B) = P(B) \cdot P(A|B)$$

가 되는데, 이를 확률의 곱셈법칙이라 한다.

두 사상 A, B에 대하여 사상 A는

$$A = (A \cap B) \cup (A \cap \overline{B})$$

로 표시할 수 있다. 또한 $A \cap B$와 $A \cap \overline{B}$는 서로 배반이므로 확률의 기본성질에 의하여 다음을 만족한다.

$$P(A) = P(A \cap B) + P(A \cap \overline{B})$$

따라서 확률의 곱셈법칙에 의하여 다음이 성립한다.

$$P(A) = P(B) \cdot P(A|B) + P(\overline{B}) \cdot P(A|\overline{B})$$

이를 사상 A의 전확률(total probability)이라 한다.

예제 4 어떤 시험에서 5개의 예상문제를 주고 이중 한 문제를 출제한다고 하자. 한 학생이 시간 부족으로 5개의 예상문제 중 한 문제만 골라 공부할 수밖에 없다고 하자. 만일 그 학생이 공부한 문제가 출제되었을 때 그 학생이 시험에 합격할 확률은 0.9이나 다른 문제가 출제되었다면 합격할 확률은 0.3이라고 한다. 그 학생이 시험에 합격할 확률은 얼마인가?

풀이 시험에 합격하는 사상을 A라 하고 그 학생이 공부한 문제가 출제되는 사상을 B라고 하면 $P(B) = \frac{1}{5}$, $P(A|B) = 0.9$, $P(A|\overline{B}) = 0.3$이다. 따라서 시험에 합격할 확률은 다음과 같다.

$$\begin{aligned} P(A) &= P(B) \cdot P(A|B) + P(\overline{B}) \cdot P(A|\overline{B}) \\ &= \frac{1}{5} \cdot 0.9 + \frac{4}{5} \cdot 0.3 \\ &= 0.42 \end{aligned}$$

두 사상 A, B에 대하여 A와 B가 영향을 주지도 받지도 않는 경우 두 사상 A, B는 서로 독립이라고 하고, 서로 독립이 아닌 두 사상을 종속이라 한다. 사상 A, B가 독립이면 다음을 만족한다.

$$P(A \mid B) = P(A), \quad P(B \mid A) = P(B)$$

또한 조건 확률로부터

$$P(A \mid B) = \frac{P(A \cap B)}{P(B)}$$

이므로 두 사상 A, B가 독립이기 위한 필요충분조건은

$$P(A \cap B) = P(A) \cdot P(B)$$

이다.

두 사상 A, B가 서로 독립이면 A와 $\overline{B}$도 서로 독립이다. 왜냐하면 전확률로부터

$$\begin{aligned} P(A) &= P(A \cap B) + P(A \cap \overline{B}) \\ &= P(A)P(B) + P(A \cap \overline{B}) \end{aligned}$$

이고, 따라서 다음이 만족되기 때문이다.

$$\begin{aligned} P(A \cap \overline{B}) &= P(A) - P(A)P(B) \\ &= P(A)(1 - P(B) \\ &= P(A)P(\overline{B}) \end{aligned}$$

마찬가지로 두 사상 A, B가 서로 독립이면 $\overline{A}$와 B, $\overline{A}$와 $\overline{B}$도 각각 서로 독립임을 쉽게 보일 수 있다.

이제 확률변수에 관하여 알아보자.

동전을 두 번 던져 앞면(H)과 뒷면(T)이 나타나는 현상을 관찰할 때 표본공간은

$$S = \{(H,\ H),\ (H,\ T),\ (T,\ H),\ (T,\ T)\}$$

이다. 이때 표본공간을 정의역으로 하고 실수를 변역으로 하는 함수를 생각할 수 있다. [그림 4.4]에서 X는 앞면의 수를 나타내는 함수

라 하면 다음과 같은 표현을 생각할 수 있다.

$$X(H,\ H)=2,\ X(H,\ T)=X(T,\ H)=1,\ X(T,\ T)=0$$

또 그림에서 Y를 뒷면의 수를 나타내는 함수라 하면

$$Y(H,\ H)=0,\ Y(H,\ T)=Y(T,\ H)=1,\ Y(T,\ T)=2$$

와 같이 생각할 수 있다. 즉, X와 Y는 표본공간

$$S=\{(H, H), (H, T), (T, H), (T, T)\}$$

위에서 정의된 실가함수이다.

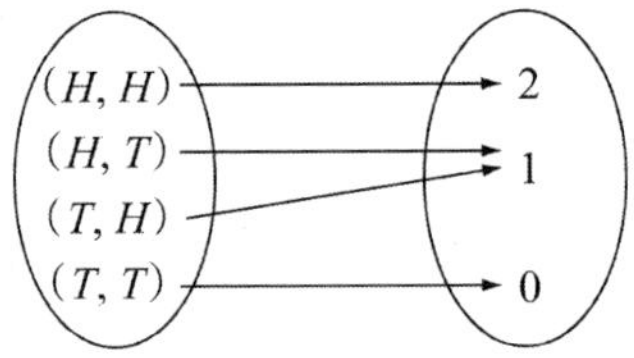

[그림 4.4]

확률변수

확률변수란 표본공간 위에서 정의된 실가함수이다. 또한 확률변수가 취하는 값이 이산변량으로 이루어질 때를 이산확률변수(discrete random variable)라고 하고, 연속적인 변량으로 이루어질 때를 연속확률변수(continuous random variable)라고 한다.

예를 들어, 하나의 동전을 두 번 던지는 시행에서 앞면이 적어도 한 번 나올 확률은 다음과 같이 구할 수 있다.

$$P(X \geq 1)=P(X=1)+P(X=2)=\frac{1}{2}+\frac{1}{4}=\frac{3}{4}$$

예제 5 서로 다른 두 개의 주사위를 던질 때 나오는 눈의 합을 X라 하고 X의 확률분포를 구하여라.

풀이 이 시행의 표본공간은 $S=\{(1,\ 1),\ (1,\ 2),\ \cdots,\ (6,\ 5),\ (6,\ 6)\}$이고 확률변수 X가 취할 수 있는 값은 $2, 3, \cdots, 12$가 된다. 따라서 각

X값에 대응되는 확률은 다음과 같다.

X	2	3	4	5	6	7	8	9	10	11	12
$P(X=x)$	$\frac{1}{36}$	$\frac{2}{36}$	$\frac{3}{36}$	$\frac{4}{36}$	$\frac{5}{36}$	$\frac{6}{36}$	$\frac{5}{36}$	$\frac{4}{36}$	$\frac{3}{36}$	$\frac{2}{36}$	$\frac{1}{36}$

이제 확률변수가 무한히 많은 값을 취하는 경우, 즉 길이, 시간 등과 같이 연속적으로 어떤 구간 안의 모든 값을 취하는 경우를 생각해보자.

[그림 4.5]는 점 0을 중심으로 자유로이 회전할 수 있는 바늘이 장치되어 있는 숫자판이다. 이 바늘을 힘껏 회전시켰을 때 바늘이 저절로 멈추면서 가리키는 눈금을 X라고 하면 취할 수 있는 연속적인 확률변수이다. 이때 X가 구간 $[a, b]$에 속할 확률은

$$P(a \le X \le b) = b - a, \quad 0 \le a \le b \le 1$$

한편, 구간 $[0, 1]$에서 함수 $f(x)$를 $f(x) = 1$, $0 \le x \le 1$로 정의하면, 다음과 같이 확률값을 $f(x)$로 나타낼 수 있다.

$$P(a \le X \le b) = b - a = \int_a^b f(x)dx, \quad 0 \le a \le b \le 1$$

$$P(0 \le X \le 1) = \int_0^1 f(x)dx = 1$$

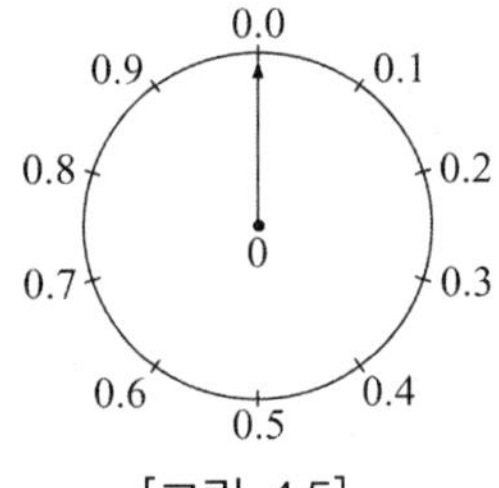

[그림 4.5]

일반적으로 확률변수 X가 어떤 구간 $[\alpha, \beta]$에서 모든 실수값을 취하고 이 구간에서 함수 $f(x)$가 다음과 같은 성질을 가진다고 하자.

(1) $f(x) \geq 0$

(2) $\int_{\alpha}^{\beta} f(x)dx = 1$

(3) $P(a \leq X \leq b) = \int_{a}^{b} f(x)dx$ (단, $\alpha \leq a \leq b \leq \beta$)

이러한 조건을 만족하는 확률변수 X를 연속확률변수라 하고 함수 $f(x)$를 X의 확률밀도함수(probability density function, pdf)라 한다. 다시 말해서 연속확률변수에 대한 확률분포가 곧 확률밀도함수이다.

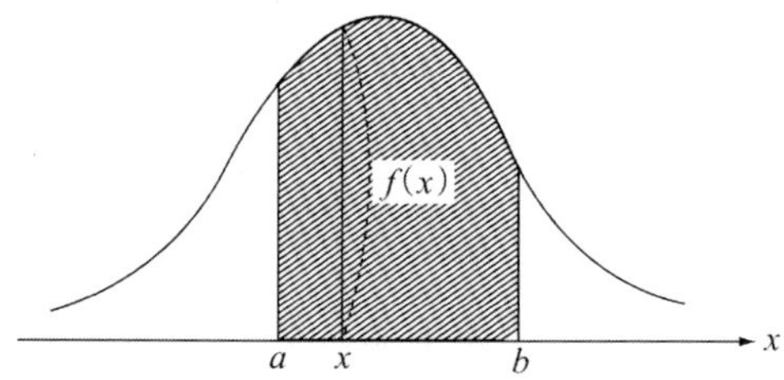

[그림 4.6]

예제 6 X의 확률밀도함수가 $f(x) = \frac{x}{2}$, $0 \leq x \leq 2$로 주어질 때

$$P\left(0 \leq X \leq \frac{1}{2}\right), \ P(X \geq 1.5)$$

를 구하여라.

풀이 $P\left(0 \leq X \leq \frac{1}{2}\right) = \int_{0}^{\frac{1}{2}} \frac{x}{2} dx = \frac{x^2}{4}\Big|_0^{\frac{1}{2}} = \frac{1}{8}$

$P(X \geq 1.2) = \int_{1.5}^{2} \frac{x}{2} dx = 0.4375$

지금까지는 이산확률분포와 연속확률분포를 구분해서 다루었다. 다시 말하면 이산확률분포에서는 확률을 직접적으로 표현하였으나 연속확률분포에서는 이들을 통합해서 나타낼 필요성이 있는데 여기에 분포함수(distribution function)를 이용한다. 하나의 확률변수 X

가 어떤 특정한 값 x보다 작거나 같을 확률을 분포함수라 하고 이를 $F(x)$로 표시하면 다음과 같다.

$$F(x) = P(X \le x)$$

분포함수의 정의로부터 $F(x)$는 다음과 같은 성질을 만족한다.

(1) $0 \le F(x) \le 1$

(2) $F(x)$는 비감소함수이다.

(3) $F(-\infty) = 0,\ \ F(\infty) = 1$

(4) $F(x)$는 x의 오른쪽에서는 연속이나 x의 왼쪽에서는 불연속이다.

확률변수 X에 대한 확률분포가 주어지면 분포함수 $F(x)$는 그 정의로부터 구할 수 있고, 역으로 확률변수 X에 대한 분포함수가 주어지면 X의 확률분포를 다음과 같이 구할 수 있다. 만일 X가 이산확률이면,

$$\begin{aligned} P(X = x) &= \lim_{h \to 0} P(x - h < X \le x) \\ &= \lim_{h \to 0} \{P(X \le x) - P(X \le x - h)\} \\ &= \lim_{h \to 0} \{F(x) - F(x - h)\} \\ &= F(x) - \lim_{h \to 0} F(x - h) \\ &= F(x) - F(x^-) \end{aligned}$$

이고, X가 연속확률변수이면

$$F(x) = P(X \le x) = \int_{-\infty}^{x} f(t)dt$$

이므로 다음과 같이 얻어진다.

$$f(x) = \frac{d}{dx}F(x)$$

또한 X가 연속확률변수이면 $F(x)$도 연속함수이고 따라서 $F(x) =$

$F(x^-)$이므로 어떤 특정한 값을 취할 확률은 $P(X=x)=0$이다.

확률변수가 X가 어떤 구간 (a, b)에 속할 확률은 다음과 같이 구할 수 있다.

$$P(a < X \le b) = F(b) - F(a)$$

예제 7 이산확률분포가 다음과 같이 주어졌을 때 분포함수를 구하여라.

$$P(X=x) = \left(\frac{1}{2}\right)^x, \quad x = 1, 2, 3, \cdots$$

풀이 분포함수 $F(x)$는 정의에 따라

$$F(x) = P(X \le x) = \begin{cases} 0, & x \le 1 \\ \frac{1}{2}, & 1 \le x < 2 \\ \frac{3}{4}, & 2 \le x < 3 \\ \frac{7}{8}, & 3 \le x < 4 \end{cases}$$

이고, 이를 그래프로 그리면 다음과 같다.

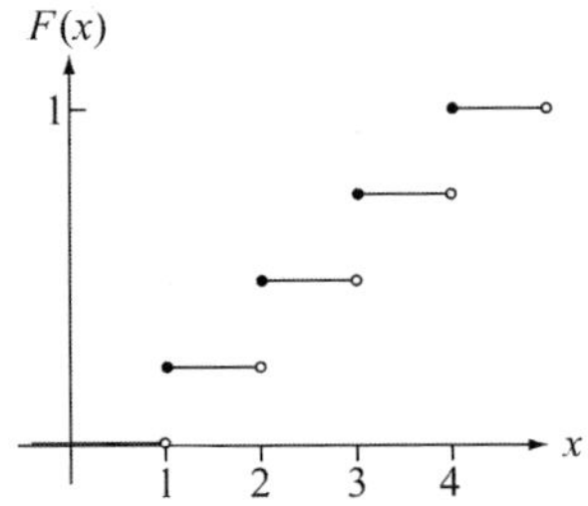

[그림 4.7]

예제 8 연속확률변수 X의 확률밀도함수가 다음과 같을 때 분포함수를 구하고 $P[0 < X \le 1]$을 구하여라.

$$f(x) = \begin{cases} \frac{x}{2}, & 1 \le x \le 2 \\ 0\ , & \text{그 이외에} \end{cases}$$

풀이 $F(x) = \int_{-\infty}^{x} f(t)dt = \int_{-\infty}^{x} \left(\frac{1}{2}\right)tdt = \left(\frac{1}{4}\right)x^2$

$$P[0 < X \le 1] = P[0 \le X \le 1]$$
$$= \int_0^1 \frac{x}{2}dx = \frac{1}{4}$$

평균과 기대값

이산확률변수 X가 취할 수 있는 값이 $x_1, x_2, x_3, \cdots, x_n$일 때 X의 평균을 μ 또는 $E(X)$로 표시하면

$$\mu = E(X) = \sum_{i=1}^{n} x_i P(X = x_i)$$

로 정의된다.

연속확률변수 X가 구간 $[a, b]$의 모든 값을 취하고 X의 확률밀도함수가 $f(x)$이면 X의 평균은 다음과 같다.

$$M = E(X) = \int_a^b xf(x)dx$$

X가 하나의 확률변수이면 X의 함수인 $h(x)$도 확률변수이며 $h(x)$의 기대값은 다음과 같이 정의된다.

$$E(h(x)) = \begin{cases} \sum_{i=1}^{n} h(x_i)P(X = x_i), & X\text{는 이산확률변수} \\ \int_{-\infty}^{\infty} h(x)f(x)dx, & X\text{는 연속확률변수} \end{cases}$$

예제 9 예제 8에서 주어진 X의 확률밀도함수에 대하여 X의 평균과 기대값을 구하여라.

풀이 평균의 정의에 의하여

$$E(X) = \int_0^2 x \cdot \frac{x}{2}dx = \left.\frac{x^3}{6}\right|_0^2 = \frac{4}{3}$$

또한 X^2의 기대값은

$$E(X^2) = \int_0^2 x^2 \left(\frac{x}{2}\right) dx = \frac{1}{2}\left[\frac{x^4}{4}\right]_0^2 = 2$$

기대값은 정의로부터 다음의 성질을 갖는다.

(1) k가 상수이면 $E(k) = 0$
(2) k가 상수이면 $E(kX) = kE(X)$
(3) 두 개의 확률변수 X, Y에 대하여

$$E(X \pm Y) = E(X) \pm E(Y)$$

(4) 두 개의 확률변수 X, Y가 서로 독립이면

$$E(XY) = E(X)E(Y)$$

이제 분산에 관해 살펴보자. 확률변수 X의 평균이 μ일 때 X의 분산은 다음과 같이 정의된다.

$$Var(X) = E[(X-\mu)^2]$$
$$= \begin{cases} \sum_{i=1}^{n} (x_i - \mu)^2 P(X = x_i), & X\text{는 이산확률변수} \\ \int_{-\infty}^{\infty} (x-\mu)^2 f(x) dx, & X\text{는 연속확률변수} \end{cases}$$

$Var(X) = \sigma^2$으로 나타내기도 하고, 또한 분산의 제곱근을 X의 표준편차라고 하며 σ로 나타낸다. 분산과 표준편차는 항상 양의 값으로 x와 평균 μ의 차이가 클수록 커진다. 이는 즉 분포가 퍼지면 퍼질수록 분산의 값은 커진다는 것을 의미한다.

예제 10 한 개의 주사위를 던져 나오는 눈의 수를 X라 할 때, X의 평균 및 분산을 각각 구하여라.

풀이 각 눈이 나올 확률이 모두 $\frac{1}{6}$이므로

$$E(X) = 1 \cdot \frac{1}{6} + 2 \cdot \frac{1}{6} + 3 \cdot \frac{1}{6} + 4 \cdot \frac{1}{6} + 5 \cdot \frac{1}{6} + 6 \cdot \frac{1}{6} = 3.5$$

$$
\begin{aligned}
Var(X) &= (1-3.5)^2 \cdot \frac{1}{6} + (2-3.5)^2 \cdot \frac{1}{6} + (3-3.5)^2 \cdot \frac{1}{6} \\
&\quad + (4-3.5)^2 \cdot \frac{1}{6} + (5-3.5)^2 \cdot \frac{1}{6} + (6-3.5)^2 \cdot \frac{1}{6} \\
&= \frac{35}{12}
\end{aligned}
$$

분산은 다음과 같이 간단하게 계산할 수 있다.

$$
\begin{aligned}
Var(X) &= E[(X-\mu)^2] \\
&= E[(X^2 - 2\mu X + \mu^2)] \\
&= E(X)^2 - 2\mu E(X) + \mu^2 \\
&= E(X)^2 - \mu^2
\end{aligned}
$$

기대값의 성질을 이용하면 분산에 관한 성질을 다음과 같이 얻을 수 있다.

(1) k가 상수이면 $Var(k) = 0$

(2) k가 상수이면 $Var(kX) = k^2 Var(X)$

4.3 연습문제

1. 주사위 두 개를 동시에 던질 때 다음 확률을 구하여라.

(1) 나타나는 눈의 차가 4 이상일 확률

(2) 나타나는 눈의 합이 3의 배수일 확률

(3) 나타나는 눈의 합이 12의 약수일 확률

2. 주머니 속에 흰 공 5개, 검은 공 2개, 붉은 공 3개가 들어 있다. 이 주머니 속에서 공을 하나씩 임의로 추출할 때 다섯 번째에 처음으로 검은 공이 뽑힐 확률을 구하여라.

3. 어느 회사의 사원 중에서 40%가 판매사원이며 전체 사원 중 60%

가 남성이다. 이들 사원 중에서 임의로 한 명을 추출했을 때 다음 확률을 구하여라. (단, 두 가지 사상은 서로 독립이다.)

(1) 이 사원이 남성 판매사원일 확률

(2) 이 사원이 여성이면서 판매사원이 아닐 확률

4. A, B 두 회사의 제품이 각각 10개씩 모두 20개가 있다. 이중에서 A회사의 불량품이 2개, B회사의 불량품이 3개이다. 20개의 제품 중에서 4개를 임의로 꺼냈더니 불량품 하나가 나왔다. 이 불량품이 B회사의 제품일 확률을 구하여라.

5. 하나의 주사위를 계속 던지는 시행에서 처음으로 1의 눈이 나올 때까지의 시행의 횟수를 확률변수 X로 나타낼 때 X의 확률분포를 구하여라. 또 이 확률변수 X의 평균과 분산을 구하여라.

6. 주머니 속에 흰 공이 5개, 검은 공이 3개 들어 있다. 이중에서 2개의 공을 동시에 꺼낼 때 나오는 흰 공의 개수를 확률변수 X라고 하자. X의 확률분포, 평균 및 분산을 구하여라.

7. 동전을 네 번 던졌을 때 앞면이 나타나는 수를 X라고 하자. 이때 X의 평균과 분산을 구하여라.

8. 연속확률밀도함수 $f(x)$가 다음과 같이 주어졌다.

$$f(x)=\begin{cases} 2x-\dfrac{1}{2}, & 1 \le x \le 2 \\ 0, & \text{그 이외에} \end{cases}$$

(1) 분포함수 $F(x)$를 구하고 $f(x)$와 $F(x)$의 그래프를 그려라.

(2) $f(x)$가 확률밀도함수의 성질을 만족하는가 보여라.

(3) $E(X)$와 $Var(X)$를 구하여라.

(4) $P\left(\dfrac{5}{4} \le X \le \dfrac{3}{2}\right)$을 구하여라.

9. 확률함수가 다음과 같이 주어졌을 때 다음을 구하여라.

$$f(x) = \begin{cases} 1 - x^2, & 0 < x \leq 1 \\ \dfrac{1}{3}, & x = 2 \\ 0, & \text{그 이외에} \end{cases}$$

(1) 평균 및 분산

(2) 분포함수 $F(x)$

(3) $P\left(X \frac{\leq 1}{2}\right)$, $P\left(\frac{1}{2} \leq X < 2\right)$

4.4 확률분포

이 절에서는 여러 가지 확률분포에 관하여 알아보자.

어떤 사건 A가 1회의 시행에서 일어나는 확률을 p, 일어나지 않는 확률을 $q=p-1$이라 하자. n회의 독립시행 중 A가 특정한 순서로 x회 일어나고 나머지 $n-x$ 회에서는 일어나지 않는 확률은 $p^x q^{n-x}$이다. 그러나 n회의 시행 중 아무 회에서나 꼭 x회 A가 일어나는 경우의 수는 $\binom{n}{x}$이므로 n회 시행 중 A가 x회 일어날 확률은 $\binom{n}{x}p^x q^{n-x}$이다. 이런 확률분포를 이항분포(binomial distribution)라고 한다.

이항분포

n회의 독립시행 중에서 특정한 사건 A가 일어나는 출현횟수 X의 확률분포는 다음과 같고, 이것을 이항분포라 하며 $B(n, p)$로 나타낸다.

$$P(X=x)=\binom{n}{x}p^x q^{n-x},\ x=0,\ 1,\ 2,\ \cdots,\ n$$

예제 1 어떤 공장의 제품 중에는 10%의 불량품이 있다고 한다. 이 제품을 임의로 14개로 취할 때 그중 불량품이 2개 이하일 확률은 얼마인가?

풀이 불량품의 개수를 X라 하면 X는 $B(14, 0.1)$을 따르므로

$$\begin{aligned}P(X\le 2)&=P(X=0)+P(X=1)+P(X=2)\\&=\binom{14}{0}(0.1)^0(0.9)^{12}+\binom{14}{1}(0.1)^1(0.9)^{11}\\&\quad+\binom{14}{2}(0.1)^2(0.9)^{10}\end{aligned}$$

확률변수 X가 이항분포 $B(n, p)$를 따를 때 X의 평균을 구해보자. 정의에 의하여

$$E(X)= \sum_{x=0}^{n} P(X=x)$$

$$= \sum_{x=0}^{n} \frac{n!}{x!(n-x)!} p^x q^{n-x}$$

$$= np \sum_{x=1}^{n} \frac{(n-1)!}{(x-1)!(n-x)!} p^{x-1} q^{n-x}$$

여기서, $y = x - 1$로 치환하면

$$\sum_{x=1}^{n} \frac{(n-1)!}{(x-1)!(n-x)!} p^{x-1} q^{n-x} = \sum_{y=0}^{n-1} \frac{(n-1)!}{y!(n-y-1)!} p^y q^{n-y-1}$$

이다. 따라서 Y는 $B(n-1,\ p)$를 따르므로 위의 값은 1이 된다. 그러므로 평균은 $E(X) = np$ 이다. 마찬가지 방법으로 X의 분산을 구하면 $Var(X) = npq$ 이다.

이산확률분포에서 또 하나의 중요한 분포가 포아송분포(poisson distribution)이다. 포아송분포는 이항분포와 밀접한 관계가 있으며, 사회 및 자연현상 등에 대한 확률분포에 널리 적용된다. 예를 들면, 어떤 공장에서 일정기간 동안 발생하는 사고의 건수라든가 1분당 교환대에 걸려오는 전화건수 등과 같이 단위시간당 극히 드물게 발생하는 임의의 사건들에 대한 확률분포에 포아송분포는 잘 부활된다. 포아송분포는 이항분포에서 n이 매우 크고 p가 매우 작은 경우 평균 사건발생 수 np를 $\lambda = np$로써 일정하다고 할 때 다음과 같이 얻어진다.

$$\lim_{n\to\infty} \binom{n}{x} p^x q^{n-x} = \lim_{n\to\infty} \binom{n}{x} \left(\frac{\lambda}{n}\right)^x \left(\frac{1-\lambda}{n}\right)^{n-x}$$

$$= \frac{e^{-\lambda}\lambda^x}{x!},\ \ x = 0,\ 1,\ 2,\ \ldots$$

포아송분포

다음과 같은 확률밀도함수를 갖는 분포를 포아송분포라고 한다.

$$P(X=x) = \frac{e^{-\lambda}\lambda^x}{x!},\quad x = 0, 1, 2, \cdots$$

예제 2 어느 고속도로의 진입로에 들어오는 차의 수가 포아송분포를 이루며 1시간 동안 평균 20대의 차가 들어온다고 한다. 이때 9시와 9시 30분 사이에 이 진입로에 차가 한 대도 들어오지 않을 확률과 6대 이상의 차가 들어올 확률을 구하여라.

풀이 확률변수 X를 주어진 30분 동안 이 진입로에 들어오는 차의 대수라고 하면, 30분당 평균 진입대 수 λ는 $\lambda = 10$이므로 다음과 같다.

$$P(X=x) = \frac{e^{-10}10^x}{x!}$$

따라서

$$P(X=0) = e^{-10}$$
$$P(X \geq 6) = 1 - \sum_{x=0}^{5} \frac{e^{-10}10^x}{x!}$$

포아송분포의 기대값 및 분산은 이항분포의 평균과 분산에서 극한을 취하면 다음과 같다.

$$\mu = E(X) = \lambda$$
$$\sigma^2 = Var(x) = \lambda$$

지수분포(exponential distribution)는 포아송분포와 더불어 창구관리, 부품수명관리 등에 널리 이용되는 확률분포이다. 어떤 공장에서 단위시간당 사고발생 건수가 포아송분포를 따른다면 사고 한 건당 걸리는 시간은 지수분포를 따르는 것으로 알려져 있다.

지수분포

지수분포의 확률밀도함수는 다음과 같다.

$$f(x) = \lambda e^{-\lambda x}, \quad x > 0$$

지수분포의 분포함수는 위를 적분하여 다음과 같이 얻어진다.

$$F(x) = \int_0^x \lambda e^{-\lambda x} dx = 1 - e^{-\lambda x}$$

또한 기대값 및 분산은 다음과 같다.

$$\mu = E(X) = \frac{1}{\lambda}$$

$$\sigma^2 = Var(X) = \frac{1}{\lambda^2}$$

예제 3 어떤 휴대전화 배터리의 평균수명은 2년이나 품질의 보증기간은 1년으로 하고 있다. 이 배터리가 1년 이내에 고장이 나서 교환요청을 받을 확률은 얼마인가?

풀이 확률변수 X를 부품의 수명시간(단위 : 년)이라고 하면 이것은 평균수명이 $\frac{1}{\lambda} = 2$(년), 즉 $\lambda = 0.5$인 지수분포를 따르므로 $f(x) = 0.5e^{-0.5x}$이다. 따라서 일년 이내에 고장이 나서 교환 요청을 받을 확률은 다음과 같다.

$$\begin{aligned} P(X \leq 1) &= F(1) \\ &= 1 - e^{-0.5(1)} = 0.39 \end{aligned}$$

연속확률분포 중 추측통계학에서 가장 중요한 역할을 하는 것은 정규분포이다. 오차의 분포, 신장과 체중의 분포 등과 같이 자연현상이나 사회현상에서 나타나는 많은 분포들은 정규분포(normal distribution)에 가깝다. 또한 자료의 수가 충분히 클 때에는 이항분포, 포아송분포, 지수분포 등이 정규분포에 근사하며, 이는 정규분포가 가장 널리 사용되는 이유 중 하나이다. 정규분포의 확률밀도함수는 다음과 같다.

정규분포

정규분포는 모집단의 평균 μ, 분산 σ^2에 의하여 결정되며 다음과 같은 확률밀도함수를 갖는다. 이때 정규분포를 $X \sim N(u, \sigma^2)$으로 나타낸다.

$$f(x) = \frac{1}{\sigma\sqrt{2\pi}} \exp\left\{-\frac{(x-\mu)^2}{2\sigma^2}\right\}, \quad -\infty < x < \infty$$

또한 정규분포는 다음과 같은 성질을 가진다.

(1) 평균 μ를 중심으로 대칭이고 종모양이다.

(2) $X=\mu$에서 $f(x)$는 최대값 $\frac{1}{\sigma\sqrt{2\pi}}$을 가진다.

(3) 평균을 중심으로 하여 좌우로 σ만큼 떨어진 구간의 넓이는 전체 넓이의 약 68.3%를 차지하고, 2σ만큼 구간의 넓이는 95.5%, 3σ만큼 떨어진 구간의 넓이는 99.7%를 차지한다. 정규분포의 형태는 모수인 평균 μ와 σ^2에 의해 결정되는데, σ가 일정하고 μ가 변할 때 곡선의 모양은 모두 같으며 단지 중심 위치만 변하게 된다. 반면에 μ가 일정하고 σ만 변하면 분포의 중심위치는 같으나 모양은 변하게 된다.

이제, $X \sim N(u,\ \sigma^2)$일 때 다음과 같이 치환된 변수를 생각해보자.

$$Z=\frac{X-\mu}{\sigma}$$

Z의 평균은

$$\begin{aligned} E(Z) &= E\left(\frac{X-\mu}{\sigma}\right)=\frac{1}{\sigma}\{E(X)-\mu\} \\ &= \frac{1}{\sigma}\{\mu-\mu\}=0 \end{aligned}$$

Z의 분산은

$$\begin{aligned} Var(Z) &= Var\left(\frac{X-\mu}{\sigma}\right)=\frac{1}{\sigma^2}\{Var(X)-Var(\mu)\} \\ &= \frac{1}{\sigma^2}\{\sigma^2-0\}=1 \end{aligned}$$

또한, Z의 분포는 정규분포하는 것으로 알려져 있으므로

$$Z \sim N(0,\ 1)$$

이와 같이 평균이 0이고 분산이 1인 변수를 표준화변수라고 한다. Z의 확률밀도함수는

$$f(z) = \frac{1}{\sqrt{2\pi}} e^{(-1/2)z^2}$$

이고, 이를 표준화정규분포라고 한다. 표준화정규확률변수 Z가 구간 $[0,\ z]$에 속할 확률

$$P(0 \le Z \le z) = \int_0^z \frac{1}{\sqrt{2\pi}} \exp\left\{\frac{-z^2}{2}\right\} dz$$

는 [그림 4.9]에서 빗금친 부분을 나타내며, 이 값은 대부분의 통계학 책의 부록에 계산되어 있다.

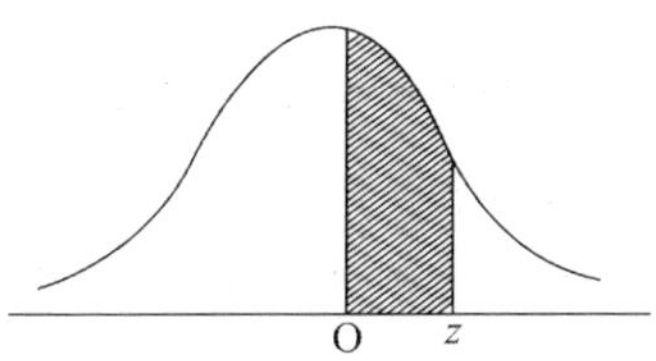

[그림 4.9]

예제 4 확률변수 X가 정규분포 $N(50,\ 4)$를 따를 때 다음 확률을 구하여라.

(1) $P(X \le 54)$ (2) $P(48 \le X \le 53)$

풀이 (1)
$$\begin{aligned} P(X \le 54) &= P\left(\frac{X-50}{2} \le \frac{54-50}{2}\right) \\ &= P(Z \le 2) \\ &= P(Z \le 0) + P(0 \le Z \le 2) \\ &= 0.5 + 0.4772 = 0.9772 \end{aligned}$$

(2)
$$\begin{aligned} P(48 \le X \le 53) &= P\left(\frac{48-50}{2} \le \frac{X-50}{2} \le \frac{53-50}{2}\right) \\ &= P(-1 \le Z \le 1.5) \\ &= P(-1 \le Z \le 0) + P(0 \le Z \le 1.5) \\ &= P(0 \le Z \le 1) + P(0 \le Z \le 1.5) \\ &= 0.3413 + 0.4332 \\ &= 0.7745 \end{aligned}$$

예제 5 수학시험 성적의 분포는 근사적으로 $N(14,\ 2^2)$이라 한다. 만약 11

점 이하를 받은 사람은 재수강해야 한다면, 재수강해야 할 학생은 몇 명인가? (단, 수강생은 200명이다.)

풀이 11점 이하를 받은 사람의 비율은

$$P(X<11)=P\left(\frac{X-14}{2}<\frac{11-14}{2}\right)=P(T<-1.5)$$
$$=0.0668$$

따라서

$$200\times 0.0668 \fallingdotseq 13(\text{명})$$

이제 정규분포와 이항분포 간의 관계를 살펴보자. 이항분포에서 n이 크고 성공의 확률 p가 0이나 1에 가깝지 않을 때 이항분포는 정규분포에 거의 근사하게 된다. [그림 4.10]은 이항분포 $B(n,\ p)$에서 $p=\frac{1}{5}$, $n=5,\ 10,\ 15,\ 20$일 때의 그래프이다.

이 그래프에서 보는 것처럼 이항분포는 n이 커짐에 따라 정규분포의 모양에 가까워진다. 실제로 다음 정리가 성립하는데, 증명은 생략한다.

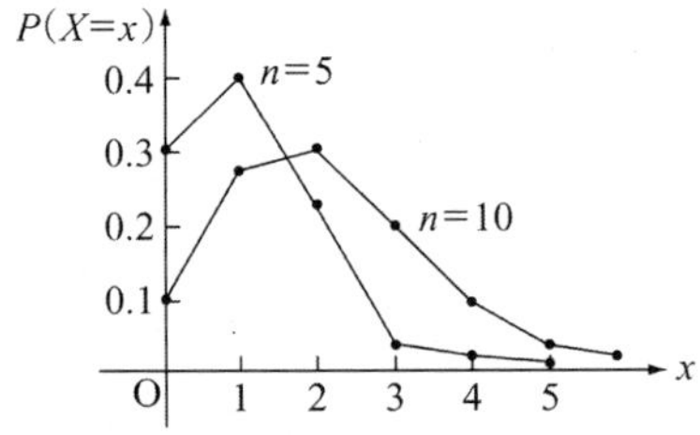

[그림 4.10]

정규분포와 이항분포 사이의 관계

이항분포 $P(X=x)=\binom{n}{x}p^x q^{n-x}$, $x=0,\ 1,\ \cdots,\ n$에 대하여 다음이 성립한다.

$$\lim_{n\to\infty}\binom{n}{x}p^x q^{n-x}=N(np,\ npq)$$

위의 정리를 이용하여 n이 클 때 이항분포에 대한 확률값을 정규분포를 이용하여 구할 수 있다. 그러나 정규분포로 근사값을 구하는 경우 정규분포는 연속적인 값을 취하고 이항분포는 이산적인 값을 취하므로 구하고자 하는 구간을 정규분포에 맞도록 조정할 필요가 있다. 이를 연속형 수정(continuity correction)이라 한다. 예를 들어, 이항분포에서 $p(1 \le X \le 5)$를 정규분포를 이용하여 근사값을 구하고자 할 때에는 $P(0.5 < X < 5.5)$로 구하고 $P(1 < X < 5)$는 $P(1.5 < X < 4.5)$로 $P(X < 3)$은 $P(X \le 2.5)$로 구한다. 즉, 등호, 부등호에 따라 0.5의 값을 더하거나 빼거나 하여 구간을 조정한다.

예제 6 어느 농구선수의 자유투 성공률은 80%이다. 이 선수가 100번의 자유투를 시도할 때 85번 이상 성공할 확률을 구하여라.

풀이 100번의 자유투에서 성공하는 횟수를 X라고 하면 X는 $B(100,\ 0.8)$이므로 X의 평균 및 분산은 $\mu = np = 100 \times 0.8 = 80,\ \sigma^2 = npq = 100 \times 0.8 \times 0.2 = 16$이다. n이 매우 커서 이항분포로 계산하는 것은 어려우므로 정규분포를 이용해서 근사값을 구하면 다음과 같다.

$$\begin{aligned} P(X \ge 85) &\approx P(X > 84.5) \\ &\approx P\left(\frac{X-80}{4} > \frac{84.5-80}{4}\right) \\ &= P(Z > 1.13) \\ &= 0.1292 \end{aligned}$$

예제 7 어느 통계에 의하면 성인의 30%가 습관적으로 술을 마신다고 한다. 그렇다면 성인 1,000명 중 술을 습관적으로 마시는 사람이 (1) 280명 미만일 확률과, (2) 316명 이상일 확률을 구하여라.

풀이 1000명의 성인 중 습관적으로 술을 마시는 사람의 수를 X라 하면 $n = 1000,\ p = 0.3$인 이항분포를 따른다. 따라서 평균값 $np = 300$, 분산 $V(X) = npq$(표준편차 $\sqrt{V(X)} = \sqrt{npq} = 14.5$)인 정규분포로서 근사화할 수 있다. 따라서

(1) $P(X \le 279) = P\left(T \le \frac{279-300}{14.5}\right) = P(T \le -1.448) = 0.074$

(2) $P(X \geq 316) = P\left(T \geq \dfrac{316-300}{14.5}\right) = P(T \geq 1.103) = 0.135$ ◎

다음의 정리는 추측통계학에서 특히 중요한 역할을 한다.

중심극한정리

평균이 μ, 분산이 σ^2인 무한모집단으로부터의 크기 n인 표본 $(X_1, \cdots, X_n)$의 평균 $\overline{X} = \dfrac{1}{n}\sum X_i$의 분포는 $n \to \infty$일 때 극한으로서 $N\left(\mu, \dfrac{\sigma^2}{n}\right)$에 접근한다. 또한 표준화변수

$$T = \frac{\overline{X} - \mu}{\sigma / \sqrt{n}}$$

의 분포는 $n \to \infty$일 때 극한으로서 $N(0, 1)$에 접근한다.

예제 8 대학 신입생의 평균 신장이 168cm이고 표준편차가 6cm라고 한다. 100명의 신입생을 임의 추출하는 경우 표본평균이 167cm 이상 160cm 이하일 확률을 구하여라.

풀이 모평균 $\mu = 168$, 모표준편차 $\sigma = 6$이고, 표본의 크기 $n = 100$이 크므로 $\overline{X}$는 중심극한정리에 의하여 정규분포를 따른다. 따라서

$$E(\overline{X}) = 168, \ \sqrt{V(\overline{X})} = \frac{\sigma}{\sqrt{n}} = 0.6$$

이므로

$$\begin{aligned} P(167 \leq \overline{X} \leq 169) &= P\left(\frac{167-168}{0.6} \leq \frac{\overline{X}-168}{0.6} \leq \frac{169-168}{0.6}\right) \\ &\fallingdotseq P(-1.67 \leq T \leq 1.67) \\ &= 0.9525 - 0.0475 = 0.9050 \end{aligned}$$

◎

4.4 연습문제

1. A공장에서 생산되는 전구의 불량률이 5%라고 한다. A공장 전구 중에서 5개를 임의로 택했을 때, 그중에 들어 있는 불량전구 수 X의 확률분포를 식으로 나타내어라.

2. 20개의 물건이 있는데 그중 3개가 불량품이라고 한다. 임의로 3개를 선택한 것 중에서 불량품의 수를 X라 할 때, X의 확률분포를 구하여라.

3. 옷감을 짤 때 평균 50m에 1개 정도로 흠이 생긴다고 한다. 100m 사이에 흠이 하나도 생기지 않을 확률과 흠이 3개 이상 생길 확률을 구하여라.

4. 어떤 조사에 의하면 회사원들의 60%가 자가용을 소유하고 있다고 한다. 이제 9명의 회사원을 임의로 추출하였을 때
   (1) 그중 5명이 자가용을 소유할 확률을 구하여라.
   (2) 적어도 3명이 자가용을 소유할 확률을 구하여라.

5. 하나의 동전을 4번 던졌을 때 그중에서
   (1) 앞면이 3번 나올 확률을 구하여라.
   (2) 적어도 3번 앞면이 나올 확률을 구하여라.
   (3) 앞면이 나올 평균횟수를 구하여라. 또한 분산을 구하여라.

6. 어느 공항에서는 분당 평균 8.5개의 수화물이 처리되며, 이것은 포아송분포에 따른다고 한다. 어떤 주어진 1분 동안에 10개의 수화물이 처리될 확률은 얼마인가?

7. 한 은행 창구에는 6분당 4명의 고객이 서비스를 받는다고 하고, 이때 서비스를 받는 고객의 수는 포아송분포에 따른다고 한다.

(1) 이 은행이 10시부터 10시 9분까지 8명 이상을 서비스할 확률을 구하여라.

(2) 한 고객이 3분 이상 서비스 받을 확률을 구하여라.

(3) 한 고객이 2분 이상 4분까지 서비스 받을 확률을 구하여라.

8. 확률변수 Z가 정규분포 $N(0,\ 1)$일 때 다음을 구하여라.

(1) $P(Z \geq 1.645)$　　(2) $P(-1.96 \leq Z \leq 1.96)$

(3) $P(Z \leq 0.8531)$　　(4) $P(0.5 \leq Z \leq 1.5)$

9. 확률변수 X가 정규분포 $N(30,\ 9)$일 때 다음을 구하여라.

(1) $P(X \leq 40)$　　(2) $P(24 \leq X \leq 36)$

10. 확률변수 X가 정규분포 $N(100,\ 15)$일 때 다음을 만족하는 k값을 구하여라.

(1) $P(X \leq k) = 0.0094$　　(2) $P(100 \leq X \leq k) = 0.4778$

11. 주사위를 180번 던질 때 1의 눈이 나오는 횟수가 20 ~ 40회 사이일 확률을 구하여라.

4.5 추정과 검정

추측통계학에서는 우리가 갖고 있는 자료는 언제나 어떤 모집단으로부터의 임의 표본으로 간주하고 이 표본을 이용하여 모집단의 성질을 알아보는 것이 주목적이다. 표본의 성질인 통계량을 T, 모집단의 성질인 모수를 θ로 나타내자. 모집단에서 유출된 크기 n인 표본을 $(X_1, X_2, \cdots, X_n)$이라 할 때 통계량 T는 이것의 함수로서

$$T = T(X_1, X_2, \cdots, X_n)$$

과 같이 나타낼 수 있다. 따라서 θ는 미지의 정해진 수이지만 T는 표본선택의 결과에 따라 그 값이 결정되는 변수이다. T의 값에 의하여 θ의 값을 추정하는 데 점추정(point estimation)과 구간추정(interval estimation)이 있다.

점추정은 T가 취하는 값에 의하여 θ의 값을 추정한다. 그러나 구간추정은 두 개의 통계량 T_1, T_2를 적당하게 정하고 구간 (T_1, T_2)가 모수 θ를 포함하는 확률이 1에 가까운 일정한 값 $1-\alpha$가 되게, 즉

$$P(T_1(X_1, \cdots, X_n) < \theta < T_2(X_1, \cdots, X_n)) = 1-\alpha$$

되게 하였을 때 구간 (T_1, T_2)를 신뢰도 $1-\alpha$인 θ의 신뢰구간이라 하여 θ를 추정하는 방법이다. 점추정에서는 T의 값이 θ의 추정치로서 θ에 얼마나 가까운가를 문제삼지 않는다. 그러나 구간추정에서는 신뢰구간 (T_1, T_2)와 신뢰도 $1-\alpha$를 어떻게 적당하게 정하는가가 문제이다. 대체로 신뢰도는 0.95(95%)를 정하는 것이 이론상 보통임이 알려져 있다.

중심극한정리에 의하여 정규모집단 $N(\mu, \sigma^2)$으로부터의 크기가 n인 표본 $(X_1, \cdots, X_n)$에 있어서 표본평균 $\overline{X} = \frac{1}{n}\sum X_i$의 분포는 $n \to \infty$일 때 극한으로서 $N\left(\mu, \frac{\sigma^2}{n}\right)$에 접근한다는 것을 알고 있다. 따라서 정규분포의 성질에 의하여 다음과 같음을 알 수 있다.

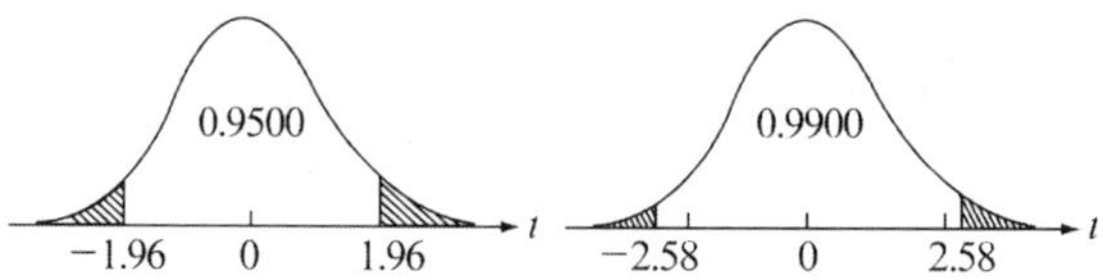

[그림 4.11]

$$P\left(\left|\frac{\overline{X}-E(\overline{X})}{\sqrt{V(\overline{X})}}\right| < 1.96\right) = P\left(\left|\frac{\overline{X}-\mu}{\sigma/\sqrt{n}}\right| < 1.96\right)$$
$$= 0.950 \qquad \cdots ⓐ$$

$$P\left(\left|\frac{\overline{X}-E(\overline{X})}{\sqrt{V(\overline{X})}}\right| < 2.58\right) = P\left(\left|\frac{\overline{X}-\mu}{\sigma/\sqrt{n}}\right| < 2.58\right)$$
$$= 0.990 \qquad \cdots ⓑ$$

$$P\left(\left|\frac{\overline{X}-\mu}{\sigma\sqrt{n}}\right| < 1.96\right) = P(\overline{X}-1.96\sigma/\sqrt{n} < \mu < \overline{X}+1.96\sigma/\sqrt{n})$$
$$= 0.950 \qquad \cdots ⓐ$$

$$P\left(\left|\frac{\overline{X}-\mu}{\sigma\sqrt{n}}\right| < 2.58\right) = P(\overline{X}-2.58\sigma/\sqrt{n} < \mu < \overline{X}+2.58\sigma/\sqrt{n})$$
$$= 0.990 \qquad \cdots ⓑ \qquad ①$$

$$P\left(\left|\frac{\overline{X}-\mu}{\sigma\sqrt{n}}\right| < 3\right) = P(\overline{X}-2.58\sigma/\sqrt{n} < \mu < \overline{X}+2.58\sigma/\sqrt{n})$$
$$= 0.997 \qquad \cdots ⓒ$$

예제 1 일정한 두께의 철판을 만드는 공장에서 생산하는 철판의 두께(단위 : mm)는 정규분포를 따르며 과거의 경험에서 그 표준편차는 $\sigma = 0.021\text{mm}$ 임이 알려져 있다고 한다. 이 공장에서 만든 철판 중에서 임의로 100장을 뽑아 두께를 재었더니 평균은 1.022mm이었다. 이 공장에서 만든 철판의 평균 두께의 95% 신뢰구간을 구하여라.

풀이 모평균 μ 의 95% 신뢰구간은

$$\left(\overline{X}-\frac{1.96\sigma}{\sqrt{n}},\ \overline{X}+\frac{1.96\sigma}{\sqrt{n}}\right)$$
$$=\left(1.022-1.96\times\frac{0.021}{\sqrt{100}},\ 1.022+1.96\times\frac{0.021}{\sqrt{100}}\right)$$
$$=(1.017,\ 1.027)$$

모집단이 비록 정규모집단이 아니더라도 중심극한정리에 의하여 대표본인 경우 표본평균 $\overline{X}=\frac{1}{n}\sum X_i$는 근사적으로 정규분포 $N\left(\mu,\ \frac{\sigma^2}{n}\right)$을 따른다. 그러나 모표준편차 σ는 알고 있는 것으로 했으나 실제에는 σ의 값을 모르는 경우가 보통이다. 따라서 위에서 주어진 식에서 σ 대신 대표본인 표본표준편차

$$\sqrt{V(X)}=\sqrt{\frac{1}{n}\sum(X_i-\overline{X})^2}$$

을 대신 사용하고, 소표본인 경우에는

$$\sigma=\sqrt{\frac{1}{n-1}\sum(X_i-\overline{X})^2}$$

을 대신 사용한다.

신뢰도 95%인 경우 μ의 신뢰구간을 구할 때 $n>30$ 정도이면 대표본이라고 볼 수 있다. 그러나 신뢰도를 99%로 할 경우는 $n>100$ 정도이어야 대표본이라 할 수 있다.

예제 2 임의로 추출한 121가구에 대하여 평균소득 $\overline{X}=79.6$ (만 원), 표본표준편차 $\sqrt{V(X)}=14.7$ (만 원)이었다. 소득의 모평균의 99% 신뢰구간을 구하여라.

풀이 99%의 신뢰구간은

$$\left(\overline{X}-\frac{2.58\sigma}{\sqrt{n}},\ \overline{X}+\frac{2.58\sigma}{\sqrt{n}}\right)$$
$$=\left(79.6-2.58\times\frac{14.7}{\sqrt{121}},\ 79.6+2.58\times\frac{14.7}{\sqrt{121}}\right)$$

$$= (76.15,\ 83.05)$$

어떤 사건 A의 모집단에 있어서의 비율이 p이고, 크기 n인 독립 표본 중에 A가 X회 출현한다고 하자. 표본비율 $\bar{p}=\dfrac{X}{n}$를 알고 모비율 p의 값을 구간추정해보자.

$\bar{p}=\dfrac{X}{n}$에서 X의 값은 $0, 1, 2, \cdots, n$과 같이 변하며, $\bar{p}$의 분포는 이항분포를 따르지만 표본 n이 충분히 클 경우 정규분포와 이항분포 사이의 관계에 의하여 정규분포 $N\left(p, \dfrac{pq}{n}\right)$에 접근한다. 따라서

$$P\left(\left|\frac{\bar{p}-p}{\sqrt{pq/n}}\right| < 1.96\right) = P\left(P-1.96\sqrt{\frac{pq}{n}} < p < \bar{p}+1.96\sqrt{\frac{pq}{n}}\right)$$
$$= 0.95$$

$$P\left(\left|\frac{\bar{p}-p}{\sqrt{pq/n}}\right| < 2.58\right) = P\left(P-2.58\sqrt{\frac{pq}{n}} < p < \bar{p}+2.58\sqrt{\frac{pq}{n}}\right)$$
$$= 0.99$$

모비율 p는 미지수이므로 위의 식에서 $\sqrt{}$ 안의 p를 표본비율 $\bar{p}$로 대용한다. n이 충분히 크고, $\bar{p}$의 값이 0이나 1에 가까운 값이 아닐 때에는 이와 같이 계산해도 상관없다.

예제 3 어떤 대학에서 1,000명의 재학생에게 어떤 제안에 대한 찬반을 물었더니, 300명이 이 제안에 찬성하였다. 이것을 임의 표본으로 보고 전 대학생의 찬성률을 신뢰도 95%로 추정하여라.

풀이 $\bar{p}=\dfrac{300}{1000}=0.30$이므로 95%의 신뢰구간은

$$\left(\bar{p}-1.96\sqrt{\frac{pq}{n}},\ \bar{p}+1.96\sqrt{\frac{pq}{n}}\right)$$
$$=\left(0.30-1.96\sqrt{\frac{0.30\times 0.70}{1000}},\ 0.30+1.96\sqrt{\frac{0.30\times 0.70}{1000}}\right)$$

모평균 μ를 추정할 때 신뢰도 95%의 신뢰구간을 예를 들어 생각

해보자. μ의 추정으로서의 신뢰구간을 정했다고 하더라도, μ 자신의 참값은 여전히 미지의 상태에 있다는 점이 불만스럽다. 그러나 표본조사에 의하기 때문에 이런 불만은 참아야 한다.

신뢰구간을 $\theta_1 < \mu < \theta_2$라 할 때 이 구간 (θ_1, θ_2)는 표본조사에 의하여 확정되고 모평균 μ는 미지이기는 하지만 어떤 확정된 값이므로 μ는 구간 (θ_1, θ_2)에 포함되거나 포함되지 않거나 둘 중의 하나이다. 여기서 μ가 신뢰구간 (θ_1, θ_2)에 포함될 확률을 신뢰도라고 한다.

극단적인 예를 들어보자.

대학생들의 평균나이 μ를 추정할 때 두 가지의 표현을 생각한다.

"대학생들의 평균나이 μ가 $1 \le \mu \le 100$일 확률은 100%이다."

또 "대학생들의 평균나이 μ가 $22 \le \mu \le 22.3$일 확률은 20%이다."

전자의 경우 신뢰도는 높으나 신뢰구간은 어떤 정보로서의 의미가 없다. 후자의 경우 신뢰구간은 정보로서의 가치가 있으나 신뢰도가 낮아 문제가 제기된다. 신뢰도로서는 보통 95%, 99% 또는 99.7%가 채택되는데, 그중 95%가 많이 채택된다. 신뢰도로서 100%를 취하는 것이 가장 바람직할 것 같은데 95%를 취하는 이유는 다음과 같다. 식 ①의 ⓐ과 ⓒ에서

㉠ 신뢰도 95%인 μ의 신뢰구간은

$$\left(\overline{X} - 1.96\frac{\sigma}{\sqrt{n}},\ \overline{X} + 1.96\frac{\sigma}{\sqrt{n}}\right)$$

㉢ 신뢰도 99.7%인 μ의 신뢰구간은

$$\left(\overline{X} - 3\frac{\sigma}{\sqrt{n}},\ \overline{X} + 3\frac{\sigma}{\sqrt{n}}\right)$$

와 같이 되어 신뢰구간의 폭은 좁을수록 좋고, 신뢰도는 높을수록 좋은데 [그림 4.12]에서와 같이 신뢰도 99.7%인 신뢰구간의 폭은 신뢰도 95%인 신뢰구간보다 폭이 50% 이상이 더 넓다. 신뢰도 5% 미만을 올리기 위하여 신뢰구간의 폭을 50% 이상 늘려야하므로 이는 분명히 불리한 것이다. 이것이 신뢰도 95%가 가장 많이 채택되는 이유 중 하나이다.

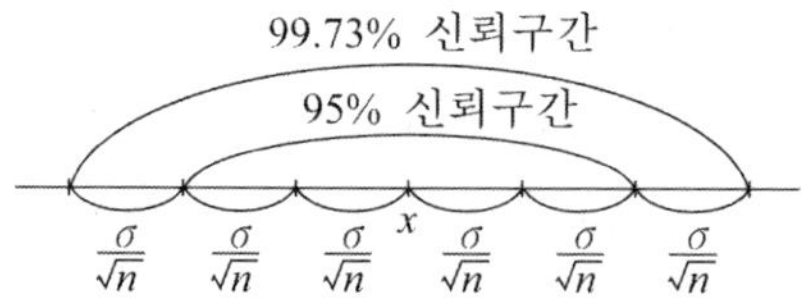

[그림 4.12]

이제 가설의 검정에 대하여 알아보자.

모집단 분포나 모수에 대한 어떤 추측이나 예측을 통계적 가설(statistical hypothesis) 또는 가설이라 한다. 가설의 타당성을 판정할 때 직관이나 주관으로 판정할 경우에는 오류를 범할 가능성에 대한 객관적인 기준이 없으나 확률을 이용하면 객관적 기준을 얻을 수 있다. 가설검정이란 어떤 사건에 대한 가설이 사실인지 아닌지를 주어진 확률범위 안에서 통계적 방법으로 판정하는 것이다. 가설이 진위 여부를 판정함에 있어서 모집단의 개체 하나 포함할 확률이 약 0.95라는 것을 의미한다. 그러나 이 구간을 모집단으로부터 표본을 추출하여 이것을 토대로 모수에 대한 가설을 검정하는데, 이는 곧 신뢰구간추정에서와 마찬가지로 모수와 관련된 표본평균 또는 표본분산의 분포를 이용함으로써 검정할 수 있다.

한 예로써 어느 타이어 제조업자에 의하면 그가 생산하고 있는 타이어의 평균수명이 80,000km이고 표준편차는 10,000km라고 한다. 어느 날 생산된 타이어 100개를 임의로 추출하여 조사한 결과, 표본평균이 78,000km이었다면 그 타이어 제조업자의 말이 옳다고 판정할 수 있겠는가? 타이어의 평균수명을 확률변수 X로 나타내면 X의 평균 및 표준편차는 $\mu = 80000$, $\sigma = 10000$이다. 따라서 이 모집단에서 추출한 크기 100인 표본의 표본평균 $\overline{X}$는 평균, 표준편차가 각각

$$E(\overline{X}) = 80000,\ \sqrt{Var(\overline{X})} = \frac{\sigma}{\sqrt{n}} = \frac{10000}{\sqrt{100}} = 1000$$

인 정규분포에 근사하다고 할 수 있다. 그러므로 그 제조업자의 말이 옳다면 $\overline{X}$의 값은 모평균 $\mu = 80000$에 가까운 값이 나올 가능성이 크다. 만일 표본평균 $\overline{X}$와 μ값과의 차이가 크다면 그 제조업자의

말은 옳지 않다고 결론 내릴 수가 있다.

이제 "그 제조업자의 말이 옳다."는 가설을 검정하여 보자. 이 가설을 H_0라 하면 다음과 같이 나타낼 수가 있다.

$$H_0 : \mu = 80000$$

이 가설을 귀무가설(null hypothesis)이라고 한다. 이에 대하여 "그 제조업자의 말이 옳지 않다."라는 가설, 즉

$$H_a : \mu \neq 80000$$

을 가설 H_0에 대한 대립가설(alternative hypothesis)이라고 한다. 귀무가설 H_0가 옳다는 가정하에서 어떤 사건이 일어날 확률이 0.05보다 작을 때에는 이 사건은 일어나기 어렵다고 판단하며 실제로 이 사건이 일어났을 경우에는 가설 H_0를 버리기로 한다.

가설 H_0하에서 $\overline{X}$는 정규분포 $N(80000, 1000^2)$을 따르므로

$$Z = \frac{\overline{X} - 80000}{1000}$$

은 표준정규분포를 따른다. 따라서 귀무가설 H_0하에서

$$|Z| = \left| \frac{\overline{X} - 80000}{1000} \right| > 1.96$$

일 확률은 0.05보다 작으며 실제로 $|Z|$의 값이 1.96보다 크면 귀무가설 H_0를 버리고 대립가설 H_a를 채택한다. 그런데 표본조사 결과 $\overline{X} = 78000$이므로 $|Z| = 2$이고, 따라서 귀무가설 H_0를 기각하고 제조업자의 말은 옳지 않다고 판정한다.

이 예에서 실제로 가설 H_0가 옳음에도 불구하고 $|Z|$의 값이 1.96보다 크게 되어 옳은 가설을 버리는 오류를 범할 확률은 0.05이다. 이 확률은 유의수준(level of significance)이라 하고 이를 α로 나타낸다. 일반적으로 유의수준은 가설을 검정할 때 주어지며 대체로 0.05, 0.01의 값이 많이 사용된다. [그림 4.13]에서 빗금친 부분, 즉 $|Z| > 1.96$이면 귀무가설 H_0를 기각하는데, 이 영역을 유의수준 5%

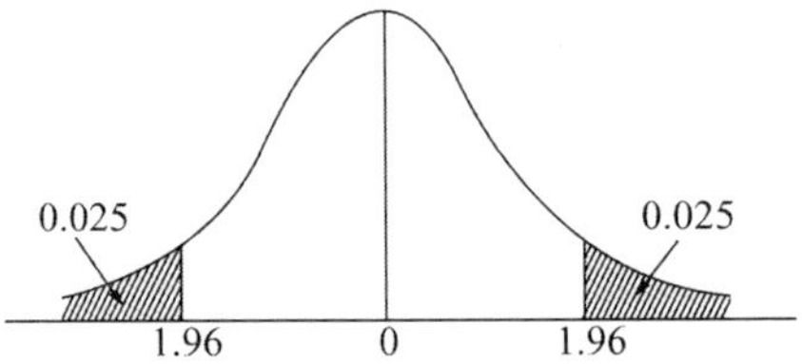

[그림 4.13]

의 기각역이라 한다. 마찬가지로 유의수준 1% 기각역은 $|Z| > 2.58$로 주어진다.

기각역은 대립가설을 어떻게 설정하느냐에 따라 약간 달라진다. 앞의 예에서 대립가설 $\mu \neq 80000$은 $\mu > 80000$ 또는 $\mu < 80000$인 대립가설로 설정할 수 있다. 대립가설이 H_a: $\mu \neq 80000$일 때 유의수준 5%의 기각역은 [그림 4.13]에서와 같이 분포의 양쪽에 2.5%씩 확률로 잡으므로 이를 양측검정이라 한다. 반면에 대립가설이 H_a: $\mu > 80000$ 또는 H_a: $\mu < 80000$일 때에 유의수준 5%의 기각역은 분포의 한쪽에 5%의 확률로 잡게 되어 이를 단축점이라 한다. 단측검정인 경우에 기각역은 [표 4.3]에 나타나있다. 모비율에 대한 가설검정도 모평균의 가설검정방법과 마찬가지이다. 모비율이 어떤 특정한 값 p_0일 것이라는 것을 귀무가설로 설정하면 다음과 같다.

[표 4.3]

모평균 μ의 검정(유의수준 5%)	모비율 p의 검정(유의수준 5%)
(1) H_0: $\mu = \mu_0$	(1) H_0: $p = p_0$
(2) $Z = \dfrac{\overline{X} - \mu_0}{s/\sqrt{n}}$를 계산	(2) $Z = \dfrac{X - np_0}{np_0q_0}$을 계산
(3) H_a: $\mu \neq \mu_0$일 때 $|Z| > 1.96$이면 H_0 기각 H_a: $\mu > \mu_0$일 때 $Z > 1.645$이면 H_0 기각 H_a: $\mu < \mu_0$일 때 $Z \leftarrow 1.645$이면 H_0 기각	(3) H_a: $p \neq p_0$일 때 $|Z| > 1.96$이면 H_0 기각 H_a: $p > p_0$일 때 $Z > 1.645$이면 H_0 기각 H_a: $p < p_0$일 때 $Z \leftarrow 1.645$이면 H_0 기각

$$H_0: p = p_0$$

가설 H_0하에서 크기 n의 표본으로부터 표준화변수 Z를 구하면 다음과 같다.

$$Z = \frac{X - np_0}{np_0 q_0}$$

Z는 n이 클 때 표본정규분포에 따른다. 따라서 유의수준 5%의 기각역은 양측검정일 때 $|Z| > 1.96$이고 단측검정일 때 $Z > 1.645$ 또는 $Z < -1.645$이다. [표 4.3]은 모평균 μ와 모비율 p에 관한 검정방법을 정리한 것이다.

예제 4 어느 단체의 구성원 중에는 25% 미만인 대졸 이상의 학력을 지니고 있다고 한다. 그런데 이 모집단에서 200명을 임의로 추출하여 조사한 결과 그중 42명이 대졸 이상의 학력을 지니고 있었다. 이 조사의 결과로 그 단체 구성원 중에서 25% 미만이 대졸 이상의 학력을 가지고 있다는 말을 지지할 수 있겠는가? 유의수준 $\alpha = 0.05$로 검정하여라.

풀이 모비율 p를 그 단체의 대졸 이상 학력소지자라고 하면 먼저 다음과 같은 귀무가설과 대립가설을 설정할 수 있다.

$$H_0: p < 0.25, \; H_1: p \geq 0.25$$

크기 $n = 200$인 표본으로부터 대졸 이상 학력소지자 X는 42명이므로 Z의 값은 다음과 같다.

$$Z = \frac{X - np_0}{\sqrt{np_0 q_0}} = \frac{42 - 200 \times (0.25)}{\sqrt{200 \times 0.25 \times 0.75}} = -1.31$$

유의수준 $\alpha = 0.05$의 단측검정이므로 기각역은 $Z > 1.645$이다.

계산된 Z값이 -1.31로써 1.645보다 작으므로 H_0로 기각할 수 없고, 따라서 그 단체에는 대졸 이상 학력소지자가 25% 미만이라고 할 수 있다.

4.5 연습문제

1. 어떤 공장에서 생산되는 어떤 제품의 무게의 표준편차는 $\sigma = 1.8\text{kg}$임이 알려져 있다. 이 공장에서 생산되는 제품 중에서 144개를 임의로 추출하여 그 무게의 평균을 내었더니 51.14kg이었다. 모평균 μ의 99% 신뢰한계를 구하여라.

2. 어떤 공장에서 생산하는 통조림의 무게는 평균이 500g, 표준편차가 18g이라고 한다. 이 중에서 36개의 통조림을 추출했을 때 통조림무게의 평균이 505g 이하일 확률을 구하여라.

3. 어느 지방 초등학교 학생들의 충치를 조사하였더니 200명 중 85명이 충치를 가지고 있었다. 이 지방 초등학교 학생의 충치보유율을 95%의 신뢰도로 추정하여라.

4. 대통령 선거에서 10,000명의 유권자 중에서 784명을 임의로 유출하여 K씨의 지지율을 조사하였더니 64%이었다. 이 유권자들의 K씨 지지율의 95% 신뢰구간을 구하여라.

5. 어떤 공장에서 새로운 제조법에 의하여 파이프를 생산하고 있다. 과거의 경험에 의하면 파이프의 지름의 표준편차는 7cm이며 새로운 제조법에 의해서도 변함이 없다고 한다. 이제 새로운 제조법에 의한 파이프의 평균 지름을 조사하기 위하여 크기 100인 표본을 임의로 추출하여 지름을 측정한 결과 표본평균이 13cm이었다. 이 파이프의 평균 지름에 대한 신뢰도 99%의 신뢰구간을 구하여라.

6. 어떤 회사에서 생산하는 제품 중에서 50개를 임의로 추출하여 무게를 조사하였더니 표본평균이 38.2g, 표본표준편차가 1.4g이었다.
   (1) 제품의 평균무게에 대한 신뢰도 95%인 신뢰구간을 구하여라.
   (2) 신뢰도 95%의 신뢰구간의 길이가 1g 이하가 되도록 하기 위하

여 표본의 크기를 얼마 이상으로 하면 되는가?

7. 어느 도시의 고등학교 3학년 모의고사에서 어떤 수학문제의 난이도를 조사하기 위하여 400명의 답안지를 임의로 추출하여 조사하였더니 172명이 정답을 맞추었다.

(1) 이 문제의 난이도(오답률)에 대한 신뢰도 95%의 신뢰구간을 구하여라.

(2) 난이도가 40% 이상이라고 할 수 있겠는가? 유의수준 5%로 검정하여라.

8. 어느 대학교의 학생 중 300명을 임의로 추출하였더니 96명이 안경을 사용하였다.

(1) 안경사용률에 대한 신뢰도 95%의 신뢰구간을 구하여라.

(2) 전국 대학교 학생의 안경사용률이 30%로 알려져 있을 때 이 대학교의 안경사용률이 전국의 그것과 같다고 할 수 있는가? 유의수준 5%로 검정하여라.

9. 주사위를 만드는 한 공장에서 그 주사위의 공정성을 조사하기 위하여 하나의 주사위를 임의로 골라 1,000번을 던져 보았더니 1의 눈이 157번 나왔다고 한다. 이 주사위가 공정하다고 할 수 있겠는가? 유의수준 5% 및 1%로 검정하여라.

찾아보기

초등교사를 위한 **수학개론**

지은이 신항균 · 전인호
펴낸이 조경희
펴낸곳 경문사
펴낸날 2015년 3월 5일 1판 1쇄
2021년 3월 2일 1판 3쇄
등 록 1979년 11월 9일 제1979-000023호
주 소 04057, 서울특별시 마포구 와우산로 174
전 화 (02)332-2004 팩스 (02)336-5193
이메일 kyungmoon@kyungmoon.com

값 17,000원

ISBN 978-89-6105-863-6